高等职业教育教学改革系列精品教材
嵌入式人才培养精品教材

STM32 程序设计案例教程

欧启标　主　编

赵振廷　张检保　副主编

正点原子　主　审

电子工业出版社

Publishing House of Electronics Industry

北京·BEIJING

内 容 简 介

STM32 是意法半导体（ST）有限公司推出的基于 ARM Cortex-M 内核的通用型嵌入式微控制器，具有设计灵活、配置丰富、成本低廉、适用性强、性价比高等特点，广泛应用于工业控制、通信、物联网、车联网等领域。本书系统介绍了 STM32 程序设计的基础知识和实战技巧。本书案例丰富、结构清晰、实用性强。

本书可作为高职高专院校电类专业学生的教材使用，也可供相关工程技术人员作为参考用书。

图书在版编目（CIP）数据

STM32 程序设计案例教程/欧启标主编. —北京：电子工业出版社，2019.6
ISBN 978-7-121-36561-4

Ⅰ. ①S… Ⅱ. ①欧… Ⅲ. ①单片微型计算机－程序设计－高等学校－教材 Ⅳ. ①TP368.1

中国版本图书馆 CIP 数据核字（2019）第 092853 号

责任编辑：王艳萍
印　　刷：北京七彩京通数码快印有限公司
装　　订：北京七彩京通数码快印有限公司
出版发行：电子工业出版社
　　　　　北京市海淀区万寿路 173 信箱　邮编　100036
开　　本：787×1 092　1/16　印张：13.5　字数：345.6 千字
版　　次：2019 年 6 月第 1 版
印　　次：2025 年 2 月第 10 次印刷
定　　价：39.00 元

凡所购买电子工业出版社图书有缺损问题，请向购买书店调换。若书店售缺，请与本社发行部联系，联系及邮购电话：（010）88254888，88258888。

质量投诉请发邮件至 zlts@phei.com.cn，盗版侵权举报请发邮件至 dbqq@phei.com.cn。

本书咨询联系方式：（010）88254574，wangyp@phei.com.cn。

前　言

STM32 是当前单片机应用领域的主流芯片，在国内 Cortex-M 市场，STM32 市场份额约占 45.8%，而 ST 公司也是中国市场上第二大的通用微控制器厂商。尽管 STM32 的市场占有率已如此之高，但在高等职业教育领域，目前学生学习的主流芯片依然是 51 单片机。原因有很多，其中之一就是 STM32 模块多，功能多，设计复杂，讲解起来相对困难，学习起来也有困难。虽然 ST 公司为了推广 STM32 开发了很多易学易用的工具，但学习者很多时候只会应用而不知道其所以然，遇到问题时经常束手无策，所以编写一本尽量能够与 51 单片机的思路接近，让学生不排斥而又能带领学生入门的 STM32 方面的教材很有必要。

基于此，我们与正点原子（广州市星翼电子科技有限公司，以下称"正点原子"）联合编写了这本书，书中例程都在正点原子的"探索者"开发板（处理器为 STM32F407ZGT6）上运行通过。本书尽量从底层寄存器的控制出发引导读者慢慢进入 STM32 的学习，且在学习过程中尽量使读者在没有单片机基础而只有 C 语言、模电、数电基础的情况下能够比较流畅地阅读。

本书主要特点包含以下几个方面。

1. 不需要 51 单片机基础即可流畅阅读

本书编写的目的之一是代替 51 单片机的教学，而不是在 51 单片机的教学基础上延续，所以书里面虽然有部分内容涉及 51 单片机知识，但学起来并不依靠这些知识。本书编写时假设学生只有 C 语言、模电、数电基础，故本书尽量从底层的原理开始讲解，以便读者阅读和掌握。

2. 重在让学习者知道原理和实现过程

在目前使用 STM32 进行开发的市场中，大部分开发者可能都是使用库函数进行开发的，但从入门角度看，可能采用寄存器方式更加合适。掌握了寄存器的使用后再回过来阅读库函数的代码并使用库函数进行开发更容易一些，但反过来则不一定。因此，书中所有的例程都采用寄存器方式书写，尽量向读者介绍实现的原理及过程。

3. 由易到难，化繁为简

介绍函数的实现时尽量先介绍原理，再介绍伪代码，最后介绍函数的定义。同时，对工程中使用到的新的模块的寄存器组织及访问方式都进行了详细的介绍。书中所有的例程（除了系统时钟的初始化）并不照搬目前已经公开的程序，而是采用尽量简单的形式来实现，然后再向 ST 公司或者正点原子的例程过渡。

4. 编写形式直观生动，内容连贯，可读性强

每个项目都有教学导航，用于说明每个项目学习的是什么、需要使用什么工具以及该如何学习。另外，书中重要的源码都配有详细的注释，方便读者阅读。

5. 尽量多地介绍各模块的核心应用

为了在有限的篇幅内使读者对 STM32 有更多的认识，书中尽可能多地介绍了一些模块，然后对这些模块的核心应用进行详细的描述，而对模块中不经常用到的功能则由读者在使用时在已有知识的基础上进行探索。

6. 兼顾 Cortex-M4 指令集的学习

为了让读者了解处理器是如何从汇编语言跳转到 C 语言执行的，在最后的项目中对启动文件进行了介绍。而介绍启动文件则不能不学习汇编语言，为此，我们花了一定的篇幅对 ARM 处理器的汇编语言进行了介绍，读者可根据自己的需要有选择性地对这部分内容进行学习。

本书参考学时数为 64 学时，在使用时可根据具体教学情况酌情增减。欧启标对本书的编写思路与大纲进行了总体策划，指导了全书的编写，对全书进行统稿，并编写了本书的大部分章节。赵振廷编写了项目 14，张检保编写了项目 15。正点原子的工程师们对全书进行了审校。

最后，感谢我的学生黄灏辉、张榜庆、潘泽宽、郭碧新、邓江海等，他们对书中的例程进行了反复验证，并从初学者的角度对书中的内容进行了多次的模拟阅读，为本书提供了非常好的修改意见。另外，广东机电职业技术学院的张宇、何威、赵金洪、黎旺星、张永亮、潘必超、李建波、赵静、陈榕福、高立新、兰小海等老师对本书的编写提出了很多中肯的意见和建议。正点原子的工程师们也对本书的编写提供了很多的支持与帮助，他们提供了大量的源码和例程，并对书中例程进行了仔细的校对，同时还和编者一起对书中的内容和细节表述进行探讨并给出了很多改进意见，在此一并表示感谢。

为了方便教学，本书配有电子教案、C 语言源程序文件等资料，请有需要的读者登录华信教育资源网（www.hxedu.com.cn）免费注册后下载。也可以联系作者索要，作者联系方式为 ouqibiao@126.com。

由于时间紧迫和编者水平有限，书中的错误和缺点在所难免，热忱欢迎各位读者对本书提出批评与建议。

编　者

目　　录

项目 1　STM32 的开发步骤及 STM32 的 GPIO 端口的输出功能

项目介绍		
实现任务		利用 STM32 的单个引脚控制一颗 LED 发光二极管闪烁
知识要点	软件方面	1．掌握使用 Keil for ARM 软件编辑源程序的方法，对其进行编译、链接并生成十六进制文件（.hex）； 2．掌握应用 FlyMcu 将生成的十六进制文件固化到 STM32 中脱机运行的方法； 3．熟悉使用位运算方式配置各寄存器的方法； 4．掌握应用 volatile 修饰特殊功能寄存器的定义类型
	硬件方面	1．初步认识 STM32 的 GPIO 端口； 2．了解 GPIO 输出控制相关寄存器的作用及配置； 3．初步了解 STM32 的时钟系统
使用的工具或软件		Keil for ARM、FlyMcu 和正点原子的"探索者"开发板
建议学时		2

任务 1-1　控制一颗 LED 发光二极管闪烁（1）

扫一扫看源程序并下载程序到开发板

1．任务目标

利用 STM32 的 PF9 引脚控制一颗 LED 发光二极管闪烁。

2．电路连接

PF9 控制 LED 的硬件电路如图 1-1 所示。

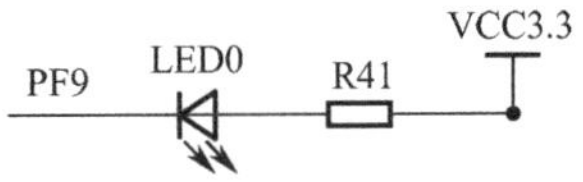

图 1-1　PF9 控制 LED 硬件电路图

3．源程序设计

```
//GPIOF 端口相关寄存器的定义
//端口 x 输入/输出模式寄存器，控制位=00 输入，=01 通用输出，=10 复用，=11 模拟
#define GPIOF_MODER    (*(volatile unsigned *)0x40021400)
//端口输出类型寄存器。=0 推挽输出，=1 开漏输出
#define GPIOF_OTYPER   (*(volatile unsigned *)0x40021404)
//端口 x 输出速度寄存器。=00，2MHz；=01，25MHz；=10，50MHz；=11，30pF 时为 100MHz
#define GPIOF_OSPEEDR  (*(volatile unsigned *)0x40021408)
//端口上拉/下拉寄存器。=00 无上下拉，=01 上拉，=10 下拉，=11 保留
#define GPIOF_PUPDR    (*(volatile unsigned *)0x4002140C)
//端口输出数据寄存器，某位=0 对应端口输出低电平，=1 输出高电平
```

```
#define GPIOF_ODR   (*(volatile unsigned *)0x40021414)
//时钟系统相关寄存器的定义
//外设时钟使能寄存器。=1 对应外设时钟使能
#define RCC_AHB1ENR (*(volatile unsigned *)0x40023830)

#define u8 unsigned char
#define u16 unsigned short
#define u32 unsigned int
void Led_Init(void);
void delay(void);
int main(void)
{
        Led_Init();                              //初始化 LED 接口，LED0 接 PF9
        while(1)
        {
            GPIOF_ODR &= ~(1<<9);                //LED0 亮
            delay();                             //延时
            GPIOF_ODR |= (1<<9);                 //LED0 灭
            delay();                             //延时
        }
}
//----------------LED0 初始化函数定义------------------
void Led_Init(void)
{
        RCC_AHB1ENR     |= 1<<5;                 //使能 PORTF 时钟
        GPIOF_MODER     &= ~(3<<(9*2));          //配置 PF9 引脚相关位，bit18、bit19 清 0
        GPIOF_MODER     |= (1<<(9*2));           //配置 PF9 为输出
        GPIOF_OTYPER    &= ~(1<<9);              //电路工作方式为推挽
        GPIOF_OSPEEDR   &= ~(3<<(9*2));          //对应位清 0
        GPIOF_OSPEEDR   |= (2<<(9*2));           //响应速度 50MHz，其他值亦可
        GPIOF_PUPDR     &= ~(3<<(9*2));          //清 0
        GPIOF_PUPDR     |= (1<<(9*2));           //上拉有效
}
//---------------------延时函数定义---------------------
void delay(void)
{
    u32 i, j;
    for(i=0; i<200; i++)
        for(j=0; j<5000; j++);
}
```

4. STM32 开发步骤

扫一扫看
开发步骤

　　STM32 的整个开发步骤包含两个部分，一是建立工程（包含编辑、编译源代码，并输出.hex 文件），二是下载.hex 文件到 STM32 中。建立工程我们采用 Keil5 软件，下载采用 FlyMcu 软件（也可以使用 JTAG 下载，且用 JTAG 下载速度更快，不过这种方式需要购买一个下载器）。除了以上两个步骤，在后面也介绍了开发板驱动的安装方法。

　　1）建立工程步骤

　　（1）选择工程文件存放路径及开发板使用的处理器。

　　新建文件夹，命名为 One_Flashing，用于保存本例程的工程及相关文件。然后双击打开

Keil5，选择"Project"→"New μVision Project"（新建工程）命令，如图 1-2 所示。

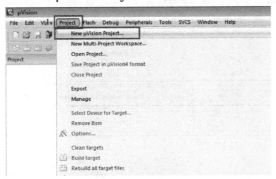

图 1-2　新建工程

　　将新建的工程文件保存到之前建的 One_Flashing 文件夹中，然后将工程命名为 One_Flashing（可依个人爱好命名），单击"保存"按钮，具体步骤如图 1-3 所示。

图 1-3　保存工程文件

　　保存之后，在弹出的窗口中，选择"STMicroelectionics"中的"STM32F407"，再选择 "STM32F407ZG"（开发板的处理器是什么就选择什么，本书中使用的开发板的处理器为 "STM32F407ZGT6"），选择好后，单击"OK"按钮，然后在弹出的下一个窗口中单击"Cancel" 按钮。具体过程分别如图 1-4 和图 1-5 所示，至此，工程建立完毕，创建结果如图 1-6 所示。

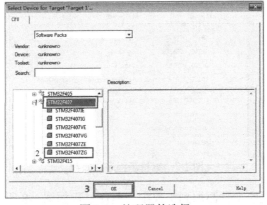

图 1-4　处理器的选择

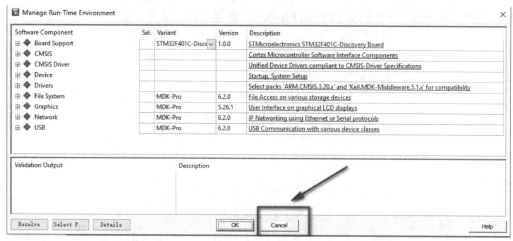

图 1-5　取消"Manage Run-Time Environment"窗口

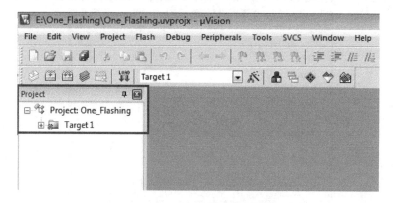

图 1-6　创建工程结果

（2）编辑源程序，并将源程序保存到文件夹 One_Flashing 中。

单击 Keil5 左上角的"新建空白页"按钮，弹出编辑窗口，将任务 1-1 的源程序录入该窗口并保存到 One_Flashing 文件夹中，如图 1-7 所示。

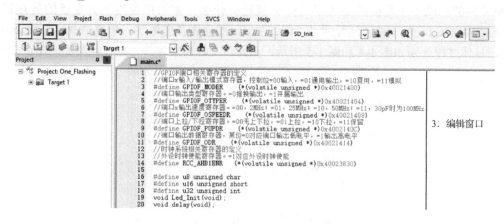

图 1-7　编辑源程序并保存

（3）将编辑好的源程序文件添加到工程中，具体过程如图 1-8 所示。

（a）添加步骤

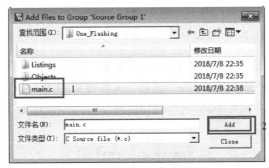

（b）选择源程序文件并添加

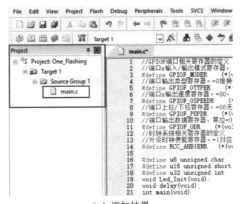

（c）添加结果

图 1-8　将源程序文件添加到工程中

（4）将汇编文件 startup_stm32f40_41xxx.s 复制到 One_Flashing 文件夹中。结果如图 1-9 所示。

包含到库中 ▾	共享 ▾	新建文件夹		
	名称	修改日期	类型	大小
	Listings	2018/7/8 22:52	文件夹	
	Objects	2018/7/8 22:52	文件夹	
司的位置	main.c	2018/7/8 22:38	C 文件	4 KB
	One_Flashing.uvoptx	2018/7/8 22:35	UVOPTX 文件	5 KB
档	One_Flashing.uvprojx	2018/7/8 22:35	礦ision5 Project	15 KB
	startup_stm32f40_41xxx.s	2014/10/3 17:23	S 文件	30 KB

图 1-9　将汇编文件 startup_stm32f40_41xxx.s 复制到 One_Flahing 文件夹

（5）将文件 startup_stm32f40_41xxx.s 按步骤（3）介绍的方法添加进工程。结果如图 1-10 所示。

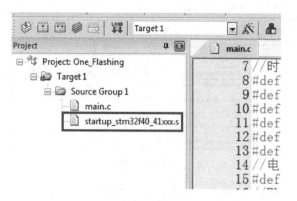

图 1-10　添加 startup_stm32f40_41xxx.s 后的工程

（6）配置工程文件，单击工具栏中的"目标选项"按钮，设置开发板使用的晶振频率（按实际设置），并勾选"Creat HEX File"选项，具体设置如图 1-11 和图 1-12 所示。

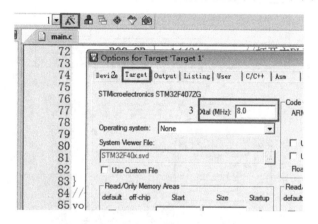

图 1-11　设置晶振频率

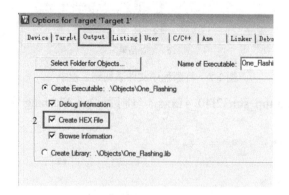

图 1-12　勾选"Creat HEX File"选项

（7）单击工具栏中的"编译"按钮编译源程序，具体步骤如图 1-13 所示。

图 1-13　编译源程序

编译后，如果在编译结果显示界面显示"0 Error(s), 0 Warning(s)"，说明源程序没有语法错误，此时会在工程文件夹中的 Objects 文件夹中输出.hex 文件（如果在步骤（6）中没有勾选 "Creat HEX File"选项，则不会输出.hex 文件）。

2）下载步骤

采用下载软件 FlyMcu 来将编译链接后的文件 One_Flashing.hex 下载到 STM32 中，具体步骤如下：

（1）连接好开发板与计算机，使用一根 USB 下载线相连即可。

（2）打开 FlyMcu 软件。双击桌面图标，打开 FlyMcu 软件，如图 1-14 所示。

图 1-14　FlyMcu 软件打开界面

（3）配置 FlyMcu 软件，具体步骤如图 1-15 所示。

① 选择下载所用的串口，这里通过选择"搜索串口"命令进行配置（进行该步骤时要先将开发板与计算机相连）。在配置时要注意，如果选择"搜索串口"命令时搜索不到串口，说明串口驱动程序没有安装，此时则需要先安装驱动程序，具体安装步骤见后面讲解。

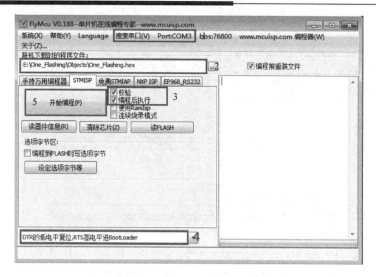

图 1-15 FlyMcu 软件配置步骤

② 添加需要下载到 STM32 的.hex 文件（在工程中的 Objects 文件夹中）。

③ 勾选"校验"和"编程后执行"两个选项。

④ 选择"DTR 的低电平复位，RTS 高电平进 BootLoader"。

完成以上配置后单击"开始编程"按钮即可进行程序的下载，下载过程如图 1-16 所示。

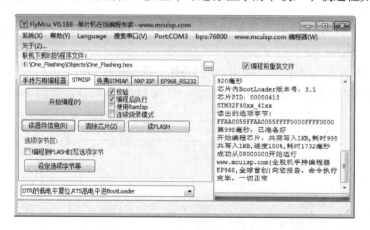

图 1-16 FlyMcu 下载程序界面

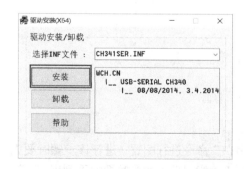

图 1-17 CH340/341 驱动的安装界面

下载完成即可看到红色 LED 灯闪烁，说明程序开发成功。

3）安装串口驱动

如果选择 FlyMcu 软件中的"搜索串口"命令没有找到串口，一般是串口驱动没有安装，此时可按照以下的方法安装。

（1）找到串口驱动文件夹"CH340 驱动(USB 串口驱动)_XP_WIN7 共用"。

（2）进入该文件夹可以看到名为 Setup.exe 的驱动文件，双击进入安装界面，如图 1-17 所示。

（3）单击"安装"按钮进行安装。安装完毕会出现"驱动安装成功!"提示框。安装完成后关闭相关提示框。

至此，整个开发过程完成。

在这里补充说明一下，任务 1-1 中 STM32 使用的运行时钟是内部时钟，为了方便后面的学习，我们对任务 1-1 中的程序做一些补充，对其添加相应的系统时钟初始化函数，添加后整个源程序如下所示。

```
//GPIOF 端口相关寄存器的定义
//端口 x 输入/输出模式寄存器，控制位=00 输入，=01 通用输出，=10 复用，=11 模拟
#define GPIOF_MODER      (*(volatile unsigned *)0x40021400)
//端口输出类型寄存器。=0 推挽输出，=1 开漏输出
#define GPIOF_OTYPER     (*(volatile unsigned *)0x40021404)
//端口 x 输出速度寄存器。=00，2MHz；=01，25MHz；=10，50MHz；=11，30pF 时为 100MHz
#define GPIOF_OSPEEDR    (*(volatile unsigned *)0x40021408)
//端口上拉/下拉寄存器。=00 无上下拉，=01 上拉，=10 下拉，=11 保留
#define GPIOF_PUPDR      (*(volatile unsigned *)0x4002140C)
//端口输出数据寄存器，某位=0 对应端口输出低电平，=1 输出高电平
#define GPIOF_ODR        (*(volatile unsigned *)0x40021414)
//时钟系统相关寄存器的定义
#define RCC_CR           (*(volatile unsigned *)0x40023800)
#define RCC_PLLCFGR      (*(volatile unsigned *)0x40023804)
#define RCC_CFGR         (*(volatile unsigned *)0x40023808)
#define RCC_CIR          (*(volatile unsigned *)0x4002380C)
#define RCC_AHB1ENR      (*(volatile unsigned *)0x40023830)
#define RCC_APB1ENR      (*(volatile unsigned *)0x40023840)
//电源系统相关寄存器
#define PWR_CR           (*(volatile unsigned *)0x40007000)
//Flash 系统相关寄存器
#define FLASH_ACR        (*(volatile unsigned *)0x40023C00)

#define u8 unsigned char
#define u16 unsigned short
#define u32 unsigned int
void Led_Init(void);
void delay(void);
void Stm32_Clock_Init(u32 plln,u32 pllm,u32 pllp,u32 pllq);
u8 Sys_Clock_Set(u32 plln,u32 pllm,u32 pllp,u32 pllq);
/*此处需要将任务 1-1 中的 main()函数、Led_Init()初始化函数复制过来*/
//--------------------延时函数定义--------------------
void delay(void)
{
    u32 i, j;
    for(i=0; i<2000; i++)
        for(j=0; j<5000; j++);
}
//------------------------------------------------
u8 Sys_Clock_Set(u32 plln,u32 pllm,u32 pllp,u32 pllq)
{
    u16 retry=0;
    u8 status=0;
    RCC_CR |= 1<<16;                          //HSE 开启
    while(((RCC_CR&(1<<17))==0)&&(retry<0X1FFF)) retry++;//等待 HSE RDY
    if(retry==0X1FFF) status=1;               //HSE 无法就绪
    else
    {
```

```
                RCC_APB1ENR |= 1<<28;              //电源接口时钟使能
                PWR_CR |= 3<<14;                   //高性能模式，时钟可到 168MHz
                RCC_CFGR |= (0<<4)|(5<<10)|(4<<13);//HCLK 不分频，APB1 4 分频，APB2 2 分频
                RCC_CR &= ~(1<<24);                //关闭主 PLL
                RCC_PLLCFGR = pllm|(plln<<6)|((((pllp>>1)-1)<<16)|(pllq<<24)|(1<<22);
                //配置主 PLL，PLL 时钟源来自 HSE
                RCC_CR |= 1<<24;                   //打开主 PLL
                while((RCC_CR & (1<<25))==0);       //等待主 PLL 准备好
                FLASH_ACR |= 1<<8;                 //指令预取使能
                FLASH_ACR |= 1<<9;                 //指令 cache 使能
                FLASH_ACR |= 1<<10;                //数据 cache 使能
                FLASH_ACR |= 5<<0;                 //5 个 CPU 等待周期
                RCC_CFGR &= ~(3<<0);               //清 0
                RCC_CFGR |= 2<<0;                  //选择主 PLL 作为系统时钟
                while((RCC_CFGR&(3<<2))!=(2<<2));//等待主 PLL 作为系统时钟成功
        }
        return status;
}
//------------------------------------------------
void Stm32_Clock_Init(u32 plln,u32 pllm,u32 pllp,u32 pllq)
{
                RCC_CR|=0x00000001;                //设置 HSISON，开启内部高速 RC 振荡
                RCC_CFGR=0x00000000;               //CFGR 清 0
                RCC_CR&=0xFEF6FFFF;                //HSEON、CSSON、PLLON 清 0
                RCC_PLLCFGR=0x24003010;            //PLLCFGR 恢复复位值
                RCC_CR&=~(1<<18);                  //HSEBYP 清 0，外部晶振不旁路
                RCC_CIR=0x00000000;                //禁止 RCC 时钟中断
                Sys_Clock_Set(plln,pllm,pllp,pllq);  //设置时钟
}
```

注意，在使用函数 Sys_Clock_Set() 和 Stm32_Clock_Init() 配置系统时钟后，STM32F407 的系统频率就被设置成了 168MHz，这对于实际工作非常必要，后续的每个项目都要用到它们。到时只需要将这两个函数复制过去即可（有可能做一点改动），故在后续用到这两个函数的任务的源程序中不再将这两个函数列出。另外，在后续的程序介绍中如涉及任务 1-1 的源程序，我们默认采用上述添加函数 Sys_Clock_Set() 和 Stm32_Clock_Init() 后的程序作为任务 1-1 的源程序。

1.1　初步认识 STM32 的 GPIO 端口的输出功能

1. GPIO 端口位的基本结构及其工作模式

STM32F407ZGT6 有 7 组 I/O，分别为 GPIOA～GPIOG，每组 I/O 有 16 个 I/O 端口，每个 I/O 端口控制一个引脚，故它共有 112 个 I/O 引脚。每个 I/O 端口的基本结构如图 1-18 所示。

在图 1-18 中，竖线左边为 I/O 引脚内部结构。由图可见，GPIO 端口的每位内部电路主要由一对保护二极管、受开关控制的上下拉电阻、一个施密特触发器、一对 MOS 管、若干读写控制逻辑、输入/输出数据寄存器、复位/置位寄存器及输出控制逻辑构成。它可配置成输入、输出、复用、ADC 四种工作模式，其中，做输出和复用模式时又可以配置成推挽模式和开漏模式，做输入时又可以配置为浮空输入、上拉输入和下拉输入等，本节只介绍它的输出功能。

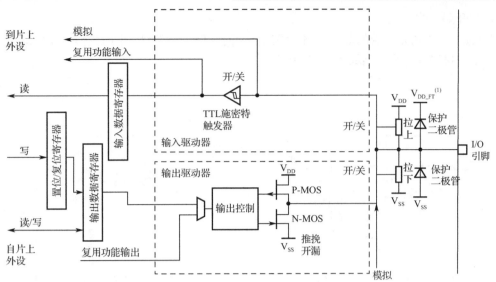

图 1-18　每个 I/O 端口的基本结构

2. GPIO 端口位的输出功能

正如前面所述，STM32 端口的输出又分为推挽输出和开漏输出，下面我们先来理解推挽和开漏的概念。

（1）推挽电路

基于三极管的推挽放大电路如图 1-19 所示。

在图 1-19 中，Vin 和 Vout 分别为输入/输出信号，Q3 和 Q4 组成放大电路，Rload 为负载。当 Vin 为正时，Q3 导通 Q4 截止，电流从上往下流过给负载供电，如图 1-20 所示，这种现象称为"推"。

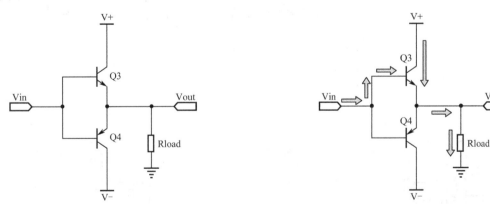

图 1-19　基于三极管的推挽放大电路　　　　图 1-20　推挽放大电路的"推"

当 Vin 为负时，Q3 截止 Q4 导通，电流流通路径如图 1-21 所示，这种现象称为"挽"——拉回来的意思。

上述电路中的 Q3 和 Q4 各放大输入信号 Vin 的半周，这样的电路叫推挽电路(push-pull)。

对于推挽电路，当 Vin 为正时输出为正（1），当 Vin 为负时输出为负（0）。

在 STM32 的端口位电路中，这两个三极管由场效应管来代替。

STM32 程序设计案例教程

（2）开漏电路

"开漏"是指场效应管的漏极开路，跟三极管的开集电路类似。下面我们由开集来理解开漏。基于三极管的开集电路如图 1-22 所示。

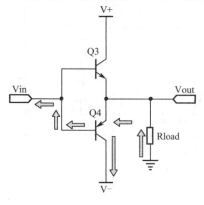

图 1-21　推挽放大电路的"挽"

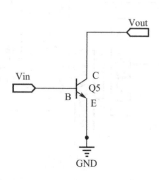

图 1-22　基于三极管的开集电路

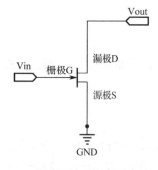

图 1-23　开漏电路

由图 1-22 可见，所谓开集，就是三极管的集电极什么都不接，直接作为一个输出端口。这种电路只能输出"0"不能输出"1"，如果要输出"1"，则必须外接一个上拉电阻。

开漏电路就是将图 1-22 中的三极管换成场效应管，如图 1-23 所示。

场效应管是一种电压控制型器件，由栅极电压直接控制漏、源的通断。由于结型场效应管的输入阻抗非常大，所以漏极电流基本不会流入栅极端的控制电路，从而对控制电路起到很好的保护作用，所以现在一般都使用开漏电路而不使用开集电路。

在理解开漏和推挽的概念后，我们来理解 STM32 的端口位的开漏和推挽两种驱动的特点。端口位做输出时数据传输通道如图 1-24 所示。

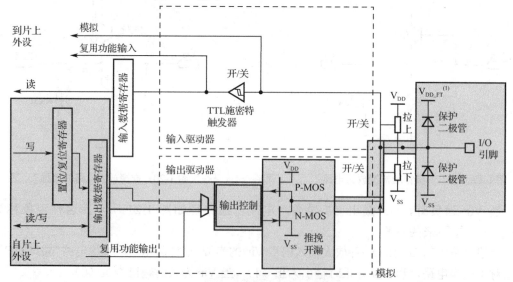

图 1-24　端口位做输出时数据传输通道

12

根据一对 MOS 管的工作情况，端口位输出的电路类型可以分为两类：一类是开漏方式，一类是推挽方式。

在开漏方式中，两个 MOS 管中的 P-MOS 管处于关闭状态而 N-MOS 管处于工作状态，如果 CPU 写入的是逻辑"1"，则 N-MOS 管截止，此时外部引脚状态是未知的；如果 CPU 写入的是逻辑"0"，则 N-MOS 管导通，此时外部引脚与地相连，外部引脚输出为"0"，所以开漏输出只能输出"0"而不能输出"1"，要想输出"1"，需要使能上拉电阻或者外接一个上拉电阻才行。

在推挽方式中，两个 MOS 管都处于工作状态。这个时候，如果 CPU 写入的是逻辑"1"，则 P-MOS 管导通，N-MOS 管截止，引脚输出状态为"1"；如果 CPU 写入的是逻辑"0"，则 P-MOS 管截止，N-MOS 管导通，此时引脚的输出状态为"0"。也就是说，当引脚工作于推挽方式时，STM32 的引脚即可输出"0"又可输出"1"。正是因为这个原因，在点亮 LED0 时一般采用的是推挽方式。

最后，需要说明的是，在输出模式下，GPIO 的端口位有 3 种输出速度可选择，这个速度是指 GPIO 端口驱动电路的响应速度，而不是输出信号的速度。通过选择输出速度来匹配不同的驱动模块，以达到最佳的噪声控制和降低功耗的目的。

3. STM32 的 GPIO 端口输出功能的使用

STM32 的 GPIO 端口输出功能如何使用呢？这可以通过结合任务 1-1，然后回答以下的几个问题来获得答案。

1）如何控制 LED 的闪烁

如图 1-25 所示为任务 1-1 的电路，由图可见，当 PF9 输出低电平时 LED0 点亮，PF9 输出高电平时 LED0 熄灭，而

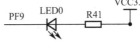

图 1-25　任务 1-1 电路图

PF 组端口输出高低电平由输出数据寄存器（ODR）进行控制。GPIOx_ODR（x 为 A~G，对于 PF，GPIOx 为 GPIOF）寄存器的各位的位定义如图 1-26 所示。

31	30	29	28	27	26	25	24	23	22	21	20	19	18	17	16
Reserved															
15	14	13	12	11	10	9	8	7	6	5	4	3	2	1	0
ODR15	ODR14	ODR13	ODR12	ODR11	ODR10	ODR9	ODR8	ODR7	ODR6	ODR5	ODR4	ODR3	ODR2	ODR1	ODR0
rw	rw	rw	rw	rw	rw	rw	rw	rw	rw	rw	rw	rw	rw	rw	rw

图 1-26　GPIOx_ODR 寄存器各位的位定义

在图 1-26 中，当某位置 1 时对应引脚输出高电平，置 0 时输出低电平，所以要想点亮 LED0，可以采用如下语句实现：

```
GPIOF_ODR &= ~(1<<9);        //将 PF9 置低电平
```

要想熄灭 LED0，可以采用如下语句实现：

```
GPIOF_ODR |= (1<<9);        //将 PF9 置高电平
```

在任务 1-1 中，我们通过这两条语句来控制 LED0 的亮灭，并适当延时来观察 LED0 的闪烁效果。

2）如何使用 STM32 的某个引脚功能

要想使用 STM32 的某个引脚功能，首先要使能该引脚所在的端口的时钟，其次是对该引脚功能进行设置。

（1）端口时钟使能

对于任务 1-1，LED0 由 PF 的第 9 个引脚控制，所以要先使能 PF 组端口的时钟。该时钟使能由寄存器 RCC_AHB1ENR 控制。RCC_AHB1ENR 各位的位定义如图 1-27 所示。

31	30	29	28	27	26	25	24	23	22	21	20	19	18	17	16
Reser-ved	OTGHSULPIEN	OTGHSEN	ETHMACPTPEN	ETHMACRXEN	ETHMACTXEN	ETHMACEN	Reserved		DMA2EN	DMA1EN	CCMDATARAMEN	Res	BKPSRAMEN	Reserved	
	rw	rw	rw	rw	rw	rw			rw	rw			rw		

15	14	13	12	11	10	9	8	7	6	5	4	3	2	1	0
Reserved			CRCEN	Reserved			GPIOIEN	GPIOHEN	GPIOGEN	GPIOFEN	GPIOEEN	GPIODEN	GPIOCEN	GPIOBEN	GPIOAEN
			rw				rw	rw	rw	rw	rw	rw	rw	rw	rw

图 1-27　RCC_AHB1ENR 寄存器各位的位定义

在图 1-27 中，每一位控制一组设备的时钟使能，当某位为 1 时，对应设备时钟使能。由图 1-27 可见，GPIOF 组端口时钟使能由第 5 位进行控制，可以用如下语句使能 GPIOF 的时钟：

RCC_AHB1ENR |= 1<<5;　　　　　　//使能 PF9 组端口时钟

（2）配置引脚功能

任务 1-1 中需要使用到 PF9 的输出功能，所以要将该引脚设置为输出，然后配置与输出功能相关的寄存器 OTYPE 和 OSPEED。

① 设置 PF9 为输出功能。

STM32 某个引脚的功能在模式寄存器 MODER 中设置，每一组端口都有一个模式寄存器。对于 PF9，这个模式寄存器为 GPIOF_MODER。GPIOF_MODER 的各位的位定义如图 1-28 所示。

31	30	29	28	27	26	25	24	23	22	21	20	19	18	17	16
MODER15[1:0]		MODER14[1:0]		MODER13[1:0]		MODER12[1:0]		MODER11[1:0]		MODER10[1:0]		MODER9[1:0]		MODER8[1:0]	
rw	rw	rw	rw	rw	rw	rw	rw	rw	rw	rw	rw	rw	rw	rw	rw

15	14	13	12	11	10	9	8	7	6	5	4	3	2	1	0
MODER7[1:0]		MODER6[1:0]		MODER5[1:0]		MODER4[1:0]		MODER3[1:0]		MODER2[1:0]		MODER1[1:0]		MODER0[1:0]	
rw	rw	rw	rw	rw	rw	rw	rw	rw	rw	rw	rw	rw	rw	rw	rw

图 1-28　GPIOF_MODER 各位的位定义

在图 1-28 中，GPIOF 的每个引脚的功能由两个位进行控制，位值与功能设置关系为：=00，输入；=01，输出；=10，复用；=11，模拟信号通道。

要设置 PF9 为输出，只需置 bit[19:18] = 01 即可，具体可采用如下的方法来完成对这两个位的设置：

GPIOF_MODER &= ～(3<<18);　　　　//先清除 bit[19:18]
GPIOF_MODER |= (1<<18);　　　　　//设置 bit[19:18]的值

② 与输出模式相关的寄存器的配置。

当将某个引脚配置为输出功能后，还需要配置与输出相关的寄存器，这些寄存器有 GPIOx_OTYPER、GPIOx_OSPEEDR、GPIOx_PUPDR，这些寄存器各位的位定义及作用分别如图 1-29～图 1-31 所示。

31	30	29	28	27	26	25	24	23	22	21	20	19	18	17	16
Reserved															
15	14	13	12	11	10	9	8	7	6	5	4	3	2	1	0
OT15	OT14	OT13	OT12	OT11	OT10	OT9	OT8	OT7	OT6	OT5	OT4	OT3	OT2	OT1	OT0
rw	rw	rw	rw	rw	rw	rw	rw	rw	rw	rw	rw	rw	rw	rw	rw

图 1-29 GPIOx_OTYPER 各位的位定义及作用

31	30	29	28	27	26	25	24	23	22	21	20	19	18	17	16
OSPEEDR15[1:0]		OSPEEDR14[1:0]		OSPEEDR13[1:0]		OSPEEDR12[1:0]		OSPEEDR11[1:0]		OSPEEDR10[1:0]		OSPEEDR9[1:0]		OSPEEDR8[1:0]	
rw	rw	rw	rw	rw	rw	rw	rw	rw	rw	rw	rw	rw	rw	rw	rw
15	14	13	12	11	10	9	8	7	6	5	4	3	2	1	0
OSPEEDR7[1:0]		OSPEEDR6[1:0]		OSPEEDR5[1:0]		OSPEEDR4[1:0]		OSPEEDR3[1:0]		OSPEEDR2[1:0]		OSPEEDR1[1:0]		OSPEEDR0[1:0]	
rw	rw	rw	rw	rw	rw	rw	rw	rw	rw	rw	rw	rw	rw	rw	rw

图 1-30 GPIOx_OSPEEDR 各位的位定义及作用

31	30	29	28	27	26	25	24	23	22	21	20	19	18	17	16
PUPDR15[1:0]		PUPDR14[1:0]		PUPDR13[1:0]		PUPDR12[1:0]		PUPDR11[1:0]		PUPDR10[1:0]		PUPDR9[1:0]		PUPDR8[1:0]	
rw	rw	rw	rw	rw	rw	rw	rw	rw	rw	rw	rw	rw	rw	rw	rw
15	14	13	12	11	10	9	8	7	6	5	4	3	2	1	0
PUPDR7[1:0]		PUPDR6[1:0]		PUPDR5[1:0]		PUPDR4[1:0]		PUPDR3[1:0]		PUPDR2[1:0]		PUPDR1[1:0]		PUPDR0[1:0]	
rw	rw	rw	rw	rw	rw	rw	rw	rw	rw	rw	rw	rw	rw	rw	rw

图 1-31 GPIOx_PUPDR 各位的位定义及作用

　　GPIOx_OTYPER 一共用到 16 位，每一位控制一个引脚是推挽输出还是开漏输出，置 0 为推挽输出，置 1 为开漏输出，考虑到两者的特点，在任务 1-1 中采用推挽输出。

　　GPIOx_OSPEEDR 用于配置引脚的响应速度，两个位控制一个引脚，位值与配置的响应速度关系为：=00，2MHz；=01，25MHz；=10，50MHz；=11，100MHz。

　　任务 1-1 对响应速度不做要求，可选低速 2MHz。

　　GPIOx_PUPDR 用于使能引脚内部的上下拉电阻，两个位控制一个引脚，位值及对应功能如下：=00，无上拉或下拉；=01，上拉有效；=10，下拉有效；=11，保留。

　　任务 1-1 采用上拉，其他选项读者亦可试一试，看看效果如何。

　　3）如何设置系统时钟

　　该部分内容以后再介绍，读者暂先按例程输入代码即可。

1.2 寄存器及其地址信息

扫一扫看
寄存器及
地址信息

　　任务 1-1 涉及 STM32 的四个模块，分别是 GPIO 端口模块、时钟模块、电源模块和 Flash 模块，每个模块的功能都是通过配置模块中相关的寄存器来实现的。任务 1-1 各模块中使用到的寄存器在模块内部的偏移地址如表 1-1 所示。

STM32 程序设计案例教程

表 1-1　寄存器在模块内部的偏移地址

特殊功能寄存器名称	符号表示	偏移地址	基 地 址	实 际 地 址
GPIOF 模式寄存器	GPIOF_MODER	0x00	0x4002 1400	0x4002 1400
GPIOF 输出类型寄存器	GPIOF_OTYPER	0x04	0x4002 1400	0x4002 1404
GPIOF 输出速度寄存器	GPIOF_OSPEEDR	0x08	0x4002 1400	0x4002 1408
GPIOF 上拉/下拉寄存器	GPIOF_PUPDR	0x0c	0x4002 1400	0x4002 140c
GPIOF 输出数据寄存器	GPIOF_ODR	0x14	0x4002 1400	0x4002 1414
时钟控制寄存器	RCC_CR	0x00	0x4002 3800	0x4002 3800
PLL 配置寄存器	RCC_PLLCFGR	0x04	0x4002 3800	0x4002 3804
时钟配置寄存器	RCC_CFGR	0x08	0x4002 3800	0x4002 3808
时钟中断寄存器	RCC_CIR	0x0c	0x4002 3800	0x4002 380c
外设时钟使能寄存器 AHB1	RCC_AHB1ENR	0x30	0x4002 3800	0x4002 3830
外设时钟使能寄存器 APB1	RCC_APB1ENR	0x40	0x4002 3800	0x4002 3840
电源控制寄存器	PWR_CR	0x00	0x4000 7000	0x4000 7000
Flash 访问控制寄存器	FLASH_ACR	0x00	0x4002 3C00	0x4002 3C00

在表 1-1 中，我们要分清楚 3 个地址，一个是基地址，**基地址是模块中的寄存器的起始地址**；另一个是偏移地址，**偏移地址是寄存器在各自模块中的地址偏移量**；最后一个是**实际地址，它是寄存器的实际地址，由基地址和偏移地址相加得到。**

各模块的基地址可通过《STM32F4xx 中文参考手册》的第 2 章"存储器和总线架构"的第 2.3 节"存储器映射"进行查询。以时钟控制寄存器、GPIOF 端口寄存器和 Flash 访问相关寄存器为例，它们所在模块的寄存器基地址范围如图 1-32 所示。

图 1-32　STM32 各模块寄存器基地址范围

而偏移地址可在各模块的寄存器介绍中查询，以时钟控制模块中的 PLL 配置寄存器（RCC_PLLCFGR）为例，其偏移地址查询过程如图 1-33 所示。

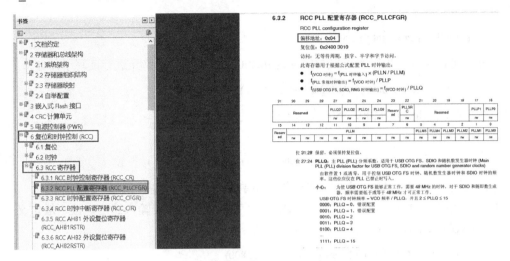

图 1-33　偏移地址查询示例

1.3　volatile 修饰符的使用及寄存器定义

　　需要注意的是，表 1-1 给出的 GPIOF_MODER 等只是一个符号，要想让这些符号能够代表对应的存储单元，在 C 语言中还需要进一步进行处理。以 RCC_CR 为例，应该用如下的宏定义将符号 RCC_CR 和地址 0x4002 3800 所指向的存储单元对应起来。

　　#define RCC_CR (*(volatile unsigned *)0x40023800)　//0x400 23800 为寄存器 RCC_CR 的实际地址

　　该定义的解释如下：

　　首先，从软件系统的角度，0x4002 3800 只是一个数据，所以需要将之进行强制类型转换，使之变为一个地址，即：

　　(*)0x40023800　　　　　　　　（1）

　　经过上述强制类型转换后，0x4002 3800 代表一个地址，但该地址指向的存储单元占据多少个字节或者说该存储单元中的数据类型是什么没有指明，所以还需要加类型修饰符。由于寄存器中存放的都是无符号整型数据，故使用 unsigned int 对代码（1）进行修饰，具体如下：

　　(unsigned int *)0x40023800　　（2）

　　接下来，我们希望处理器在对地址为 0x4002 3800 的存储单元进行操作时每次都直接对该存储单元进行读写而不经过缓存，这样虽然速度慢一些，但能够避免数据读写错误，要满足这一要求，需要采用修饰符 volatile 对代码（2）进行修饰，具体如下：

　　(volatile unsigned int *)0x40023800　　（3）

　　最后，考虑到 C 语言中的指针变量的定义与使用，如下例：

```
int *p, a;　//定义一个指针变量 p
p=&a;　　　//将变量 a 的地址赋给 p
```

该例子中，将变量 a 的地址赋给同类型的指针变量 p，然后可以通过"*p=5;"的方式对 a 进行赋值，所以要想对地址为 0x4002 3800 的存储单元进行访问，还需要在代码（3）的基础上加一个指针运算符*，即：

> *(volatile unsigned int *)0x40023800

经过上述转换后，我们就可以对地址为 0x4002 3800 的存储单元进行读写了，如：

> *(volatile unsigned int *)0x40023800 = 5;　　（4）

意思是将 5 存入地址为 0x4002 3800 的 4 个字节的存储单元中。

又如：

> a = *(volatile unsigned int *)0x40023800;　　（5）

意思是将地址为 0x4002 3800 的 4 个字节的存储单元中的内容读出，存入变量 a 中。

不过，代码（4）和（5）都需要输入较多的字符，严重影响输入速度，故一般定义一个符号代表*(volatile unsigned int *)0x40023800，如：

> #define RCC_CR (*(volatile unsigned *)0x40023800)

这样，就可以执行"RCC_CR = …;"的操作达到配置地址为 0x4002 3800 的存储单元的目的了。

习　题　1

1. 填空题

（1）STM32F407ZGT6 有 7 组 I/O，分别为_____，每组 I/O 有_____个 I/O 端口，每个 I/O 端口控制一个引脚，故它共有 112 个 I/O 引脚。

（2）STM32F407 的引脚输出有两种电路类型，分别是_____和_____。

（3）在正确配置端口后，ODR 寄存器的某位置 1 时对应引脚输出_____，置 0 时输出_____。

（4）可以使用语句_____使能 GPIOE 端口的时钟。

（5）查阅数据手册，列出下列模块寄存器组的首地址。

GPIOA 的首地址是_____；

TIM10 的首地址是_____；

SPI1 的首地址是_____；

EXTI 的首地址是_____；

USART2 的首地址是_____。

2. 思考题

（1）使用搜索工具搜索 volatile 的作用并举例说明。

（2）假设需要配置 PF8 为推挽输出，响应速度为 50MHz，上拉电阻使能，该如何实现？试写出实现该功能的程序。

项目2　认识模块化编程

项目介绍		
实现任务		利用 STM32 的单个引脚控制一颗 LED 发光二极管闪烁
知识要点	软件方面	掌握应用模块化对整个工程进行组织的方法
	硬件方面	无
使用的工具或软件		Keil for ARM、FlyMcu 和正点原子的"探索者"开发板
建议学时		4

任务 2-1　控制一颗 LED 发光二极管闪烁（2）

1. 任务目标

利用 STM32 的 PF9 引脚控制一颗 LED 发光二极管闪烁（与任务 1-1 相同）。

2. 电路连接

PF9 控制 LED 的硬件电路如图 2-1 所示（与任务 1-1 电路图相同）。

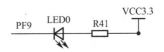

图 2-1　PF9 控制 LED 硬件电路图

3. 源程序设计

1）工程的组织结构

整个工程的组织结构如表 2-1 所示。

表 2-1　任务 2-1 的工程的组织结构

工程名	工程包含的文件夹及其中的文件		
控制一颗 LED 发光 二极管闪烁	user	main.c，startup_stm32f40_41xxx.s 及简单延时函数 delay()	
	obj	保存编译输出的目标文件和下载到开发板的.hex 文件	
	hardware	led.c	Led_Init()
		led.h	声明 led.c 中的函数
	system	sys.c	定义配置时钟系统函数
		sys.h	声明 sys.c 中的函数
		regdef.h	对任务中使用的寄存器进行定义
		typedef.h	定义使用符号 u8 等代表类型

整个工程包含 4 个文件夹，user 文件夹用于保存 main.c 及启动文件 startup_stm32f40_41xxx.s；obj 文件夹用于存放工程编译过程中产生的各种中间文件及要下载到芯片上运行

的.hex 文件；hardware 文件夹用于存放各个被控制模块的文件，在任务 2-1 中，被控制模块只有 LED 模块，故只有两个文件，一个是 led.c，另一个是 led.h，led.c 用于定义 LED 初始化函数，led.h 用于声明 led.c 中定义的函数及定义与 LED 模块操作相关的宏；system 文件夹中包含一些各个任务中都可能用到的文件，具体如表 2-1 所示。

2）源程序

（1）main.c。

```
#include "regdef.h"
#include "sys.h"
#include "led.h"
void delay(void);
int main(void)
{
        Stm32_Clock_Init(336,8,2,7);              //设置时钟，168MHz
        Led_Init();                               //初始化 LED 接口，LED0 接 PF9
        while(1)
        {
            GPIOF_ODR &= ~(1<<9);              //LED0 亮
            delay();                              //延时
            GPIOF_ODR |= (1<<9);              //LED0 灭
            delay();                              //延时
        }
}
//--------------------延时函数定义--------------------
void delay(void)
{
    u32 i, j;
    for(i=0; i<2000; i++)
        for(j=0; j<5000; j++);
}
```

（2）led.c。

```
#include "regdef.h"
/*将任务 1-1 中的函数 void Led_Init()复制过来*/
//函数 void Led_Init(void)
```

（3）led.h。

```
#ifndef _LED_H_
#define _LED_H_
    void Led_Init(void);
#endif
```

（4）sys.c。

```
#include "typedef.h"
#include "regdef.h"
/*将任务 1-1 中的函数 Sys_Clock_Set()和 Stm32_Clock_Init()复制过来*/
//函数 Sys_Clock_Set(u32 plln,u32 pllm,u32 pllp,u32 pllq)
//函数 Stm32_Clock_Init(u32 plln,u32 pllm,u32 pllp,u32 pllq)
```

（5）sys.h。

```
#ifndef _SYS_H_
#define _SYS_H_
    #include "typedef.h"
```

```
        void Stm32_Clock_Init(u32 plln,u32 pllm,u32 pllp,u32 pllq);
        u8 Sys_Clock_Set(u32 plln,u32 pllm,u32 pllp,u32 pllq);
    #endif
```

（6）typedef.h。

```
#ifndef _TYPEDEF_H_
#define _TYPEDEF_H_
    #define u8 unsigned char
    #define u16 unsigned short
    #define u32 unsigned int
#endif
```

（7）regdef.h。

```
#ifndef _REGDEF_H_
#define _REGDEF_H_
//GPIOF 端口相关寄存器的定义
//端口 x 输入/输出模式寄存器。控制位=00 输入，=01 通用输出，=10 复用，=11 模拟
    #define GPIOF_MODER      (*(volatile unsigned *)0x40021400)
//端口输出类型寄存器。=0 推挽输出，=1 开漏输出
    #define GPIOF_OTYPER     (*(volatile unsigned *)0x40021404)
//端口 x 输出速度寄存器。=00，2MHz；=01，25MHz；=10，50MHz；=11，30pF 时为 100MHz
    #define GPIOF_OSPEEDR    (*(volatile unsigned *)0x40021408)
//端口上拉/下拉寄存器。=00 无上下拉，=01 上拉，=10 下拉，=11 保留
    #define GPIOF_PUPDR      (*(volatile unsigned *)0x4002140C)
//端口输出数据寄存器。某位=0 对应端口输出低电平，=1 输出高电平
    #define GPIOF_ODR        (*(volatile unsigned *)0x40021414)
    //时钟系统相关寄存器的定义
    #define RCC_CR           (*(volatile unsigned *)0x40023800)
    #define RCC_PLLCFGR      (*(volatile unsigned *)0x40023804)
    #define RCC_CFGR         (*(volatile unsigned *)0x40023808)
    #define RCC_CIR          (*(volatile unsigned *)0x4002380C)
    #define RCC_AHB1ENR      (*(volatile unsigned *)0x40023830)
    #define RCC_APB1ENR      (*(volatile unsigned *)0x40023840)
    //电源系统相关寄存器
    #define PWR_CR           (*(volatile unsigned *)0x40007000)
    //Flash 系统相关寄存器
    #define FLASH_ACR        (*(volatile unsigned *)0x40023C00)
#endif
```

4. 工程建立步骤

（1）选择工程文件存放路径（参见任务 1-1），将工程命名为 OneLed_Flashing，再在 OneLed_Flashing 文件夹中新建 4 个文件夹，分别命名为 user、system、hardware 和 obj。

（2）在 system 文件中新建 4 个文件，分别命名为 sys.c、sys.h、typedef.h 和 regdef.h，将源程序中相应的内容分别输入到这 4 个文件中并保存（建议在 Keil5 中编辑并保存，具体可参见任务 1-1 中介绍的步骤）。在 hardware 文件夹中新建 2 个文件，分别命名为 led.c 和 led.h，然后将源程序中相应的内容分别输入到这两个文件中并保存。在 user 文件夹中新建文件 main.c，同时将源程序中相应的内容输入到 main.c 中并保存。

（3）打开 Keil for ARM。

（4）新建一个工程。

（5）选择处理器。

扫一扫看
工程建立
步骤

（6）添加启动文件。

（7）为工程添加组。选择左边工程窗口的"Target 1"，然后单击鼠标右键，弹出下拉菜单，在该菜单中选择"Add Group"命令，添加一个组，具体过程如图 2-2 所示。

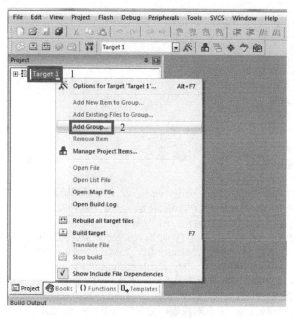

图 2-2　工程中"组"的添加

（8）修改组名及继续添加组。选择待修改组名的组，然后再单击一下，组名即处于可编辑状态，更改组名为"user"。以同样的方法，在本工程中建立三个分别名为"user""system""hardware"的组（组的名字建议与工程中文件夹中的文件名相同），结果如图 2-3 所示。

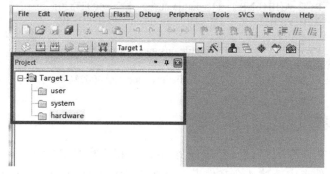

图 2-3　工程中包含的组

（9）依照任务 2-1 中的源程序文件名编辑好各 C 文件及其头文件，然后将 C 文件添加到工程中对应的组中。以添加 sys.c 为例，具体步骤为：选中工程窗口的组"system"，然后单击鼠标右键，在弹出的下拉菜单中选择"Add Existing Files"命令，弹出添加文件选择窗口，如图 2-4 所示。添加好后可以在工程窗口的"system"的下拉列表中看到该文件。

全部添加完后，整个工程分布如图 2-5 所示。注意，将启动文件 startup_stm32f40_41xxx.s 添加到 user 文件夹中。

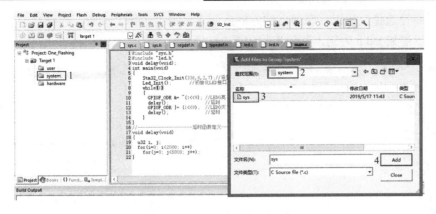

图 2-4 将 C 文件添加到组中

图 2-5 工程文件分布图

（10）配置工程。通过单击图标 进入工程配置界面，具体配置内容如下。

① 修改系统晶振频率。

② 选择输出文件类型及输出文件目标路径。

③ 添加头文件路径。选择配置窗口中的"C/C++"选项卡，再单击"Include Paths"后面的"选择"按钮，会弹出.h 文件（头文件）的添加路径，具体如图 2-6 所示。

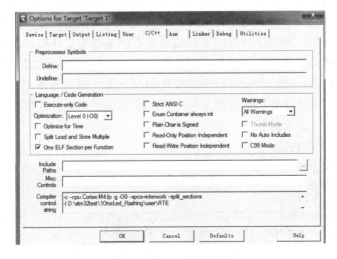

图 2-6 头文件添加路径

单击"路径选择"按钮，在弹出的方框后面再单击"选择"按钮，选择对应的头文件并添加进来。以添加 led.h 为例，具体步骤如图 2-7 所示。

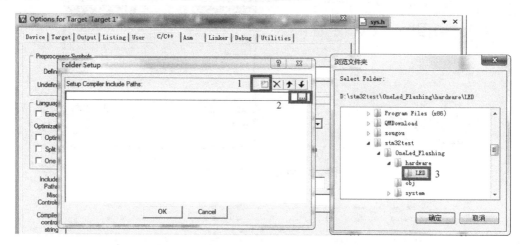

图 2-7 头文件的添加

（11）完成以上步骤后单击 按钮即可对文件进行编译，如果没有错误则在 obj 文件夹中输出名为 OneLed_Flashing.hex 的文件，将该文件下载到 STM32 中即可看到实验结果。

2.1 模块化编程

扫一扫看
模块化编
程

在任务 1-1 中，我们将所有的代码编写在同一个 C 文件下。但如果开发的项目较大，代码量有成千上万行甚至更多时，这种方式给代码调试、更改及后期维护都会带来极大的麻烦。模块化编程可以解决这个问题。所谓模块化编程，是指将一个程序按功能分成多个模块，各个模块存放在不同的文件中。

一个模块通常包含两个文件：一个是.h 文件（头文件），另一个是.c 文件（源文件）。

.h 文件一般不包含实质性的函数代码，里面的内容主要是对本模块内可供其他模块的函数调用的函数的声明，此外，该文件也可以包含一些很重要的宏定义以及一些数据结构的信息。头文件相当于一份说明书，用于告诉外界本模块对外提供哪些接口函数和接口变量。头文件的基本构成原则是：不该让外界知道的信息就不出现在头文件中，而供外界调用的接口函数或者接口变量所必需的信息则必须出现在头文件中。当外部函数或文件调用该模块的接口函数或者接口变量时，就必须包含该模块提供的这个头文件。另外，该模块也需要包含这个模块的头文件，因为其包含了模块源文件中所需要的宏定义或者数据结构。头文件采用条件编译的方式编写，下面给出了一个应用例子。

例：头文件 sys.h 的内容。

```
#ifndef _SYS_H_
#define _SYS_H_
    #include "typedef.h"
    void Stm32_Clock_Init(u32 plln,u32 pllm,u32 pllp,u32 pllq);
    u8 Sys_Clock_Set(u32 plln,u32 pllm,u32 pllp,u32 pllq);
#endif
```

.c 文件主要功能是对.h 文件中声明的外部函数进行具体的实现，对具体的实现方式没有规定，只要能实现函数功能即可。

2.2　其他 C 语言注意事项

2.2.1　用#define 和 typedef 定义类型别名

在应用 C 语言进行开发的过程中，我们经常使用类似 unsigned char 和 unsigned int 类型，而如果一个工程比较大，里面包含较多的函数，而这些函数当中又有较多的变量需要定义为这些类型时，反复用 unsigned char 和 unsigned int 对变量进行定义无疑大大增加了输入代码的工作量。解决这个问题的办法是用宏定义#define 来定义一个宏名代表数据类型，或者用 typedef 来为这些类型定义一个别名。

例如，在 STM32 中，unsigned char 类型的数据在内存中占用一个字节（8bit）的存储空间，可以用宏定义做如下定义：

```
#define u8 unsigned char
```

或者用 typedef 为 unsigned char 声明一个别名，具体如下：

```
typedef unsigned char u8;
```

这样，在定义变量时，就可以用 u8 来代替 unsigned char，如"u8 temp;"，其定义效果与"unsigned char temp;"相同。

> **注意**：如果定义的别名中有指针类型或者待定义别名的类型为结构体类型，建议使用 typedef 进行定义。

最后需要说明的是，用宏定义或者 typedef 定义数据类型时，选择的宏名和别名尽量见名知义，如在上面的定义中，u 表示无符号，8 表示该类型的变量在内存中占用 8bit 的存储空间。

2.2.2　一些常见的运算符问题

1. 优先级的处理

C 语言涉及众多的运算符，这些运算符有特定的优先级，除非有特别明显的优先级关系，否则在有多个运算符的表达式中，一律建议用括号明确表达式的操作顺序或者分开写，尽量减少歧义。比如语句中尽量避免"*p++;"之类的表达式，如果要实现的是 p 指向的存储单元的内容进行加 1 运算，应该写成"(*p)++;"，而如果是想先将 p 指向的数据拿出来运算，然后让指针 p 指向下一个存储单元，应该写成"*p; p++;"等。

2. 容易混淆的运算符

（1）"="和"=="。"="运算符为赋值运算符，其作用是将赋值运算符右边表达式的值赋给左边的变量。"=="运算符为比较运算符，用于判断其两边的表达式的值是否相等。

（2）逻辑与运算符"&&"和按位与运算符"&"。逻辑与运算符两边运算对象都为"真"时结果为真，否则为假。而按位与运算符则需将两个运算对象用二进制数表示，然后再按位进行与运算。

例：

```
unsigned int a = 4, b = 5, temp1 = 0, temp2 = 0;
temp1 = a&&b;
temp2 = a&b;
```

程序段执行后，temp1 的值为 1，temp2 的值为 4。

（3）逻辑或运算符"||"和按位或运算符"|"。

例：

```
unsigned int a = 4,b = 5,temp1 = 0,temp2 = 0;
temp1 = a||b;
temp2 = a|b;
```

程序段执行后，temp1 的值为 1，temp2 的值为 5。

（4）逻辑非运算符"!"和按位取反运算符"～"。

例：

```
unsigned int a = 4, temp1 = 0, temp2 = 0;
temp1 = !a;
temp2 = ～a;
```

程序段执行后 temp1 的值为 0，temp2 的值为 65531，temp2 的运算过程如下：

$$\sim \underline{0000\ 0000\ 0000\ 0100b}$$
$$1111\ 1111\ 1111\ 1011b = 65531$$

3. 左移运算符"<<"和右移运算符">>"

对于一个无符号整数 a，左移运算符和右移运算符可以用于代替乘 2 和除 2 运算。

例：

```
unsigned char a = 4, temp1 = 0, temp2 = 0;
temp1 = a<<1;
temp2 = a>>1;
```

程序段执行后，temp1 的值为 8，temp2 的值为 2。处理器处理左移和右移运算的速度要远比乘除运算快，所以在某些可用的场合使用左移和右移运算符可有效提高处理器的处理效率。

4. if(1 == flag) { }和 if(flag == 1){ }问题

在 C 语言开发中，经常遇到对某个标志变量 flag 进行判断的问题，if(1 == flag){}和 if(flag ==1){}即为典型例子。为了避免出现意外，一律采用 if(1 == flag){}的方式。原因为，如果误写成 if(flag==1)，则虽然它不能表达编程者的意图，但系统却不会提示错误。而如果写成 if(1==flag)，则由于赋值运算符左边不能为常量，故系统会提示错误。

2.2.3　文件包含

在模块化编程中，每个模块都有一个头文件，为了防止头文件的重复包含和编译，我们需要在头文件中使用条件编译。其典型应用如下：

```
#ifndef 标识符
#define 标识符
        程序段
#endif
```

意思是，如果没有用#define 定义过标识符，则定义该标识符，并编译程序段的内容。原则上，标识符可以自由命名，但由于每个头文件的这个标识符都应该是唯一的，所以建议采用这样的方式命名：头文件名全部大写，前后加下画线，文件名中的"."也改为下画线。例如，某个头文件命名为 led.h，则标识符建议命名为_LCD_H_。

实际上，条件编译除了可以防止头文件重复包含，还可以增加系统在各平台上的可移植性。

2.2.4　关于注释

为了增强程序的可读性，注释是必需的。注释主要包含以下对象。

1. 对文件进行注释

这部分应该放在文件开始，注释建议列出：文件名、文件描述、作者、版本、完成日期、修改纪录。其中文件描述要能够详细说明程序文件的主要作用，与其他模块或函数的接口等信息。

例：

```
/********************************************************
文件名：
文件描述：详细描述文件的作用及文件对外的接口等信息。
作者：
版本：
完成日期：
修改记录：应包含修改日期、修改者、修改内容等。
********************************************************/
```

2. 对函数进行注释

应该在函数的头部进行注释，注释的内容包括：函数名、函数的目的/功能、输入参数、输出参数、返回值、调用关系等信息。

例：

```
/********************************************************
函数名：Lcd12864_Init()
功能：对基于 TP7920 控制器控制的 QC12864 显示器进行初始化。
输入参数：无
输出参数：无
返回值：无
********************************************************/
```

3. 对代码的注释

对代码的注释应位于代码的上方（内容较多，用/**/注释）或右方（对单条语句进行注释）。如果位于上方，则建议与上面的代码用空行隔开。

4. 对变量或者数据结构的注释

对各种变量和数据结构，除了能够自注释的，其他的都要对其功能、物理含义、取值范围及注意事项进行注释。需要注意的是，注释如果位于上方，则要与所描述的内容进行同样的缩排，方便阅读与理解。

习 题 2

填空题

（1）在模块化编程中，一个模块一般包含两个文件，分别是_____和_____。

（2）要想使用 u16 表示 unsigned short 对变量进行声明，则应先使用宏定义_____定义 u16 或使用语句_____定义 u16。

（3）相关变量定义如下：

```
unsigned char x=6, y=2, z =253;
```

试写出以下局部运算后的结果，用十进制数表示。

x&&y=_____;   x&y=_____;   x||y=_____;   x|y=_____;   x^z=_____;

x=～y, x=_____;   x=z>>2, x=_____。

（4）C 语言中的标识符由_____、_____和_____组成，以_____和_____开头，不可使用_____开头。

（5）STM32 为 32 位处理器，每个字的长度为____bit。

项目 3 认识 STM32 的存储器结构

项目介绍		
实现任务	LED0 闪烁控制	
知识要点	软件方面	1. 使用 C 语言实现位带和位带别名区地址的映射； 2. 使用结构体组织各模块的寄存器并熟练使用结构体指针访问这些寄存器
	硬件方面	熟悉 STM32 的存储器结构
使用的工具或软件	Keil for ARM、"探索者"开发板及下载器	
建议学时	8	

任务 3-1 LED0 闪烁控制

1. 任务目标

利用 STM32 的 PF9 引脚控制一颗 LED 发光二极管闪烁，要求使用位带别名区映射单元进行控制。

2. 电路连接

硬件连接电路如图 3-1 所示（同任务 1-1 电路图）。

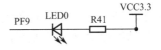

图 3-1 硬件连接电路图

3. 源程序设计

```
//GPIOF 端口相关寄存器的定义
/*将任务 2-1 中 regdef.h 文件中 GPIOF 端口相关寄存器的定义复制过来*/
//注意，只需复制定义，不用复制条件编译

/*GPIOF_ODR 的 bit9 映射到位带别名区的地址的计算
    0x4002 1414&0xf000 0000 + 0x200 0000 + (0x4002 1414&0xfffff)<<5 + 9<<2
    = 0x4242 82A4    */
#define LED0 (*(volatile unsigned *)0x424282A4)
#define u8 unsigned char
#define u16 unsigned short
#define u32 unsigned int
void Led_Init(void);
void delay(void);
void Stm32_Clock_Init(u32 plln,u32 pllm,u32 pllp,u32 pllq);
u8 Sys_Clock_Set(u32 plln,u32 pllm,u32 pllp,u32 pllq);
int main(void)
{
        Stm32_Clock_Init(336,8,2,7);        //设置时钟，168MHz
        Led_Init();                         //初始化 LED 接口，LED0 接 PF9
        while(1)
        {
                LED0 = 0;                   //LED0 亮
```

```
                delay();                      //延时
                LED0 = 1;                     //LED0 灭
                delay();                      //延时
        }
}
//-----------------LED0 初始化函数定义-----------------
/*将任务 1-1 中的函数 void Led_Init()复制过来*/
//补充函数 void Led_Init(void)
//--------------------延时函数定义--------------------
void delay(void)
{
        u32 i, j;
        for(i=0; i<2000; i++)
                for(j=0; j<5000; j++);
}
/*将任务 1-1 中的函数 Sys_Clock_Set()和 Stm32_Clock_Init()复制过来*/
//函数 Sys_Clock_Set(u32 plln,u32 pllm,u32 pllp,u32 pllq)
//函数 Stm32_Clock_Init(u32 plln,u32 pllm,u32 pllp,u32 pllq)
```

3.1 存储器基础知识

1. 存储器的概念

存储器（Memory）是用于保存信息的记忆设备，是构成嵌入式最小系统的基本单元之一。其概念很广，有很多层次，在数字系统中，只要能保存二进制数据的都可以看作存储器，如内存条、TF 卡等。嵌入式系统中全部信息，包括输入的原始数据、程序、中间运行结果和最终运行结果都保存在存储器中。这些信息根据控制器指定的位置存入和取出。有了存储器，嵌入式系统才有记忆功能，才能保证正常工作。

2. 常见存储器的分类

常见存储器的分类如图 3-2 所示。由图可见，它分为两种，分别是易失性存储器和非易失性存储器。两者的区别是易失性存储器掉电后数据会被清除。

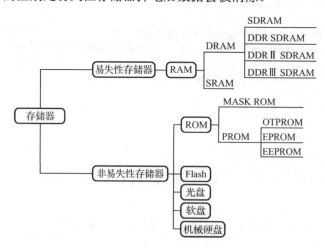

图 3-2　常见存储器的分类

易失性存储器的代表就是 RAM（Random Access Memory，随机存取存储器），RAM 又分 DRAM（动态随机存储器）和 SRAM（静态随机存储器），它们的不同在于生产工艺，SRAM 保存的数据是靠晶体管锁存的，而 DRAM 保存数据则是靠电容充电来维持的。SRAM 的工艺复杂，生产成本高，价格也比较贵（不过速度比较快），容量比较大的 RAM 一般都选用 DRAM。

STM32F4 内部内存为易失性存储器，分为两大块：一块是地址从 0x20000000 开始的普通内存，共 128KB，这部分内存任何外设都可以访问；另一块是地址从 0x10000000 开始的 CCM 内存，这部分内存仅 CPU 可以访问，DMA 之类的设备不能访问。

非易失性存储器常见的有 ROM（Read Only Memory，只读存储器）、Flash、光盘、软盘、机械硬盘。它们作用相同，只是实现工艺不一样。只读指这种存储器只能读取它里面的数据而不能向里面写数据。不过，现在已经既可读也可写了，但名称保留了下来。Flash 又称闪存，是一种可以写入和读取的存储器。Flash 的存储容量比较大，速度也比较快。Flash 又分为 Norflash 和 Nandflash，现在的 U 盘和 SSD 固态硬盘都是 Nandflash。STM32 内部有 1MB 的非易失性存储器，用来存储烧写到 STM32 中的代码。

3. 存储器的容量

存储器的容量指的是主存能存放的二进制代码的总位数，单位为 bit。不过平时一般以字节为单位，8 个 bit 为 1 个 Byte。在 STM32 开发中还经常涉及"半字"和"字"这两个概念，其中半字为 16 位，字为 32 位。

4. 存储器编址

存储器是由一个个存储单元构成的，为了使 CPU 准确地找到存储了某个信息的存储单元，需要将各个存储单元编上号，这个过程叫作存储器编址，而这个编号即为存储单元的地址码，简称地址。对于 51 单片机，其地址引脚为 16 根，故地址编码为 16 位；对于 STM32，其地址引脚为 32 根，故地址编码为 32 位。STM32 的程序存储器、数据存储器、各种外设的寄存器和 I/O 端口等排列在同一个顺序的 4GB 地址空间内进行统一编址。各字节按小端格式在存储器中编码。字中编号最低的字节被视为该字的最低有效字节，而编号最高的字节被视为最高有效字节。

5. 存储器映射

在 STM32 内部集成了多种类型的存储器，同一类型的存储器为一个存储块。一般情况下，处理器设计者会为每个存储块分配一个数值连续、数目与其存储单元数相等、以十六进制表示的自然数集合作为该存储块的地址编码。这种地址编码与存储单元存在一一对应的关系，称为存储器映射（memory map，也叫内存映射或地址映射）。**存储器映射的核心就是将对象映射为地址，通过操作地址达到操作对象的目的。**

3.2 Cortex-M4 内核和 STM32 的存储器结构

3.2.1 Cortex-M4 内核的存储器结构

STM32 在 Cortex-M4 内核的基础上进行设计，故要了解 STM32 的存储器的结构必须先了解 Cortex-M4 内核的结构。Cortex-M4 的地址空间有 4GB，分成 8 个块：代码、SRAM、片上外设、外部 RAM、私有外设总线（内部）、私有外设总线（外部）、特定厂商等，每块大小为 512MB（0.5GB），但它只对这 4G 空间做了预先的定义，并指出各块该分给哪些设备，具体的实现由芯片厂商决定（这有点像政府规划用地是工业用地、商业用地还是住宅用地，政府只给出规划，而这些地上建不建东西，建成什么样子，建多少则由开发商实现），这使得使用该内核的芯片厂家必须按照这个存储器结构进行各自芯片的存储器结构设计。Cortex-M4 内核的存储器结构如图 3-3 所示。

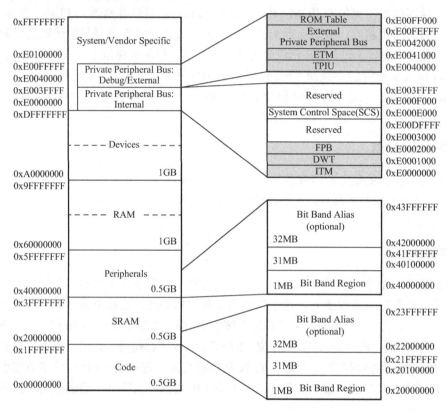

图 3-3　Cortex-M4 内核的存储器结构

由图 3-3 可见，地址为 0x0000 0000～0x1FFF FFFF 的块为代码块，用来保存代码（STM32F407ZG 只使用了 1MB）。地址为 0x2000 0000～0x3FFF FFFF 的块为内部 SRAM，用于让芯片制造商连接片上的 SRAM，这个区通过系统总线来访问。在这个区的下部，有一个 1MB 的位带区，该位带区还有一个对应的 32MB 的 "位带别名区"，容纳了 8M 个 "位变量"。

地址为 0x4000 0000～0x5FFF FFFF 的空间由片上外设的寄存器使用。这个空间中也有一条 32MB 的位带别名区，以便快捷地访问外设寄存器。例如，可以方便地访问各种控制位和状态位。接下来是两个 1GB 的范围，分别用于连接外部 RAM 和外部设备，它们之中没有位带。最后是 0.5GB 的隐秘地带，内核的 "闺房" 就在这里面，包括了系统级组件、内部私有外设总线、外部私有外设总线，以及由提供者定义的系统外设。私有外设总线有两条：

AHB 私有外设总线，只用于 Cortex-M4 内部的 AHB 外设，它们是：NVIC、FPB、DWT 和 ITM；

APB 私有外设总线,既用于 Cortex-M4 内部的 APB 设备,也用于外部设备(这里的"外部"是对内核而言的)。Cortex-M4 允许器件制造商再添加一些片上 APB 外设到 APB 私有总线上,它们通过 APB 接口来访问。

NVIC 所处的区域叫作"系统控制空间"(SCS),在 SCS 里的还有 SysTick、代码调试控制所用的寄存器等,如图 3-4 所示。

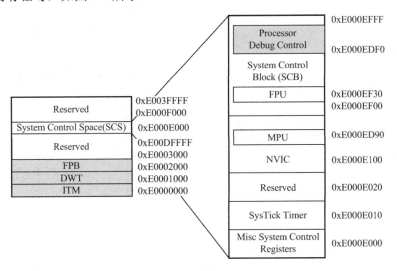

图 3-4 系统控制空间

最后,未用的提供商指定区也通过系统总线来访问,但是不允许在其中执行指令。Cortex-M4 中的 MPU 是选配的,由芯片制造商决定是否配上。

3.2.2 STM32 的存储器结构

STM32 的存储器结构如图 3-5 所示,STM32F4xx 的存储器结构和 Cortex-M4 的结构很相似,不同的是,STM32 加入了很多实际的东西,如 Flash、SRAM 等。只有加入了这些东西,才能成为一个拥有实际意义的、可以工作的处理芯片——STM32。对 STM32 存储器知识的掌握,实际上就是对 Flash 和 SRAM 这两个区域知识的掌握。因此,下面将重点介绍 Flash 和 SRAM 的知识。

(1)片内 Flash

严格来说,STM32 的 Flash 应该是 Flash 模块。STM32F407 的 Flash 容量为 1MB,其构成如图 3-6 所示。

由图 3-6 可见,片内 Flash 由主存储区、系统存储区、一次性编程区 OTP、选项字节组成。其中,主存储区又分为 12 个扇区,这些扇区存储容量相加最后正好等于 1024KB,这个区域主要用于存储用户编写的程序。由于该存储区地址是从 0x0800 0000 开始的,故在使用 ST-Link2 烧写程序的时候,要规定起始地址是 0x0800 0000。

系统存储区(System memory)是系统保留区,用来在"System memory boot"模式下启动芯片。里面存储的是一段特殊的程序,叫作 bootloader(SP Bootloader 程序),通过运行此段区域里的程序,可以对主存储区进行重新烧写。举个例子,如果我们选择以 System memory boot 模式启动,同时插上了带有系统固件的 U 盘,那么经过配置后,bootloader 就可以读出 U 盘里的固件,烧写到主存储区里去。也就是说,给芯片重新烧写固件,可以通过 USB OTG FS

的方式。这个区域是 STM32 出厂时自带的，不能写或擦除。

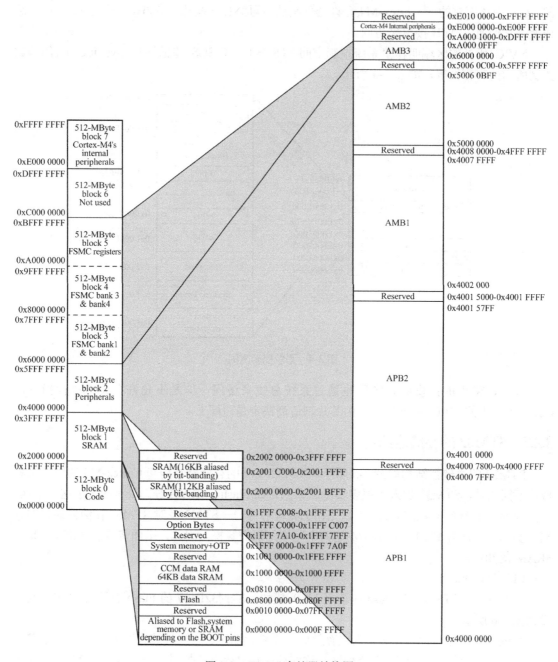

图 3-5　STM32 存储器结构图

　　OTP 是 One-time Programmable 的缩写，此段区域是一次性可编程区。OTP 区域可划分为 16 个 32 字节的 OTP 数据块和 1 个 16 字节的 OTP 锁定块，具体如图 3-7 所示。OTP 数据块和锁定块均无法擦除。锁定块中包含 16 字节的 LOCKBi≤（0≤i≤15），用于锁定相应的 OTP 数据块（块 0～15）。每个 OTP 数据块均可编程，除非相应的 OTP 锁定字节编程为 0x00。锁定字节的值只能是 0x00 和 0xFF，否则这些 OTP 字节无法正确使用。为了防止写错，ST 公司设置从 0x1FFF 7A00 地址开始的 16 个字节是带有"锁"功能的字节，当确定 OTPx 区域写进去的数据确实没有错误了，就可以对 LOCKBi 地址写入 0x00，从此 OTPx 区域就没法更改了。

块	名称	块基址	大小
主存储区	扇区0	0x0800 0000-0x0800 3FFF	16KB
	扇区1	0x0800 4000-0x0800 7FFF	16KB
	扇区2	0x0800 8000-0x0800 BFFF	16KB
	扇区3	0x0800 C000-0x0800 FFFF	16KB
	扇区4	0x0801 0000-0x0801 FFFF	64KB
	扇区5	0x0802 0000-0x0803 FFFF	128KB
	扇区6	0x0804 0000-0x0805 FFFF	128KB
	⋮	⋮	⋮
	扇区11	0x080E 0000-0x080F FFFF	128KB
系统存储区		0x1FFF 0000-0x1FFF 77FF	30KB
OTP区域		0x1FFF 7800-0x1FFF 7A0F	528 字节
选项字节		0x1FFF C000-0x1FFF C00F	16 字节

图 3-6 Flash 模块构成（STM32F40x 和 STM32F41x）

块	[128:96]	[95:64]	[63:32]	[31:0]	Address byte 0
0	OTP0	OTP0	OTP0	OTP0	0x1FFF 7800
	OTP0	OTP0	OTP0	OTP0	0x1FFF 7810
1	OTP1	OTP1	OTP1	OTP1	0x1FFF 7820
	OTP1	OTP1	OTP1	OTP1	0x1FFF 7830
⋮			⋮		⋮
15	OTP15	OTP15	OTP15	OTP15	0x1FFF 79E0
	OTP15	OTP15	OTP15	OTP15	0x1FFF 79F0
锁定块	LOCKB15⋯LOCKB12	LOCKB11⋯LOCKB8	LOCKB7⋯LOCKB4	LOCKB3⋯LOCKB0	0x1FFF 7A00

图 3-7 一次性可编程区

选项字节（Option bytes）可以按照用户的需要进行配置（如配置看门狗为硬件实现还是软件实现）；该区域除了互联型所用型号地址都一样。

（2）片内 SRAM

不同类型的 STM32 单片机的 SRAM 大小是不一样的，但是它们的起始地址都是 0x2000 0000，终止地址都是 0x2000 0000+其固定的容量大小。SRAM 的作用是存取各种动态的输入/输出数据、中间计算结果以及与外部存储器交换的数据和暂存数据。设备断电后，SRAM 中存储的数据就会丢失。

（3）Flash 存储接口寄存器区（Flash memory interface）

用于片上外设，如图 3-5 所示，从 0x4000 0000 开始的 Peripherals 区域，也称外设存储器映射。对该区域操作，就是对相应的外设进行操作。图 3-8～图 3-10 给出了 Peripherals 区域的地址映射。

Bus	Boundary address	Peripheral
APB1	0x4000 7800-0x4000 7FFF	Reserved
	0x4000 7400-0x4000 77FF	DAC
	0x4000 7000-0x4000 73FF	PWR
	0x4000 6C00-0x4000 6FFF	Reserved
	0x4000 6800-0x4000 6BFF	CAN2
	0x4000 6400-0x4000 67FF	CAN1
	0x4000 6000-0x4000 63FF	Reserved
	0x4000 5C00 -0x4000 5FFF	I2C3
	0x4000 5800-0x4000 5BFF	I2C2
	0x4000 5400-0x4000 57FF	I2C1
	0x4000 5000-0x4000 53FF	UART5
	0x4000 4C00-0x4000 4FFF	UART4
	0x4000 4800-0x4000 4BFF	USART3
	0x4000 4400-0x4000 47FF	USART2
	0x4000 4000-0x4000 43FF	I2S3ext
	0x4000 3C00-0x4000 3FFF	SPI3/I2S3
	0x4000 3800-0x4000 3BFF	SPI2/I2S2
	0x4000 3400-0x4000 37FF	I2S2ext
	0x4000 3000-0x4000 33FF	IWDG
	0x4000 2C00-0x4000 2FFF	WWDG
	0x4000 2800-0x4000 2BFF	RTC&BKP Registers
	0x4000 2400-0x4000 27FF	Reserved
	0x4000 2000-0x4000 23FF	TIM14
	0x4000 1C00-0x4000 1FFF	TIM13
	0x4000 1800-0x4000 1BFF	TIM12
	0x4000 1400-0x4000 17FF	TIM7
	0x4000 1000-0x4000 13FF	TIM6
	0x4000 0C00-0x4000 0FFF	TIM5
	0x4000 0800-0x4000 0BFF	TIM4
	0x4000 0400-0x4000 07FF	TIM3
	0x4000 0000-0x4000 03FF	TIM2

图 3-8　APB1 外设区映射

Bus	Boundary address	Peripheral
APB2	0x4001 4C00-0x4001 57FF	Reserved
	0x4001 4800-0x4001 4BFF	TIM11
	0x4001 4400-0x4001 47FF	TIM10
	0x4001 4000-0x4001 43FF	TIM9
	0x4001 3C00-0x4001 3FFF	EXTI
	0x4001 3800-0x4001 3BFF	SYSCFG
	0x4001 3400-0x4001 37FF	Reserved
	0x4001 3000-0x4001 33FF	SPI1
	0x4001 2C00-0x4001 2FFF	SDIO
	0x4001 2400-0x4001 2BFF	Reserved
	0x4001 2000-0x4001 23FF	ADC1-ADC2-ADC3
	0x4001 1800-0x4001 1FFF	Reserved
	0x4001 1400-0x4001 17FF	USART6
	0x4001 1000-0x4001 13FF	USART1
	0x4001 0800-0x4001 0FFF	Reserved
	0x4001 0400-0x4001 07FF	TIM8
	0x4001 0000-0x4001 03FF	TIM1
	0x4000 7800-0x4000 FFFF	Reserved

图 3-9 APB2 外设区映射

Bus	Boundary address	Peripheral
AHB1	0x4004 0000-0x4007 FFFF	USB OTG HS
	0x4002 9400-0x4003 FFFF	Reserved
	0x4002 9000-0x4002 93FF	
	0x4002 8C00-0x4002 8FFF	
	0x4002 8800-0x4002 8BFF	ETHERNET MAC
	0x4002 8400-0x4002 87FF	
	0x4002 8000-0x4002 83FF	
	0x4002 6800-0x4002 7FFF	Reserved
	0x4002 6400-0x4002 67FF	DMA2
	0x4002 6000-0x4002 63FF	DMA1
	0x4002 5000-0x4002 5FFF	Reserved
	0x4002 4000-0x4002 4FFF	BKPSRAM
	0x4002 3C00-0x4002 3FFF	Flash interface register
	0x4002 3800-0x4002 3BFF	RCC
	0x4002 3400-0x4002 37FF	Reserved
	0x4002 3000-0x4002 33FF	CRC
	0x4002 2400-0x4002 2FFF	Reserved
	0x4002 2000-0x4002 23FF	GPIOI
	0x4002 1C00-0x4002 1FFF	GPIOH
	0x4002 1800-0x4002 1BFF	GPIOG
	0x4002 1400-0x4002 17FF	GPIOF
	0x4002 1000-0x4002 13FF	GPIOE
	0x4002 0C00-0x4002 0FFF	GPIOD
	0x4002 0800-0x4002 0BFF	GPIOC
	0x4002 0400-0x4002 07FF	GPIOB
	0x4002 0000-0x4002 03FF	GPIOA
	0x4001 5800-0x4001 FFFF	Reserved

图 3-10　AHB1 外设区映射

　　根据 STM32 的内存映射图，在代码区，0x0000 0000 地址为启动区，上电以后，CPU 从这个地址开始执行代码。0x0800 0000 是用户 Flash 的起始地址，0x2000 0000 是 SRAM 的起始地址。

3.2.3　位带（Bit Band）及位带别名区（Bit Band Alias）的关系

扫一扫看位带和位带别名区关系

1. 位带和位带别名区的含义

　　位带（Bit Band）是指在存储区中可以按位操作的地带，位带别名区（Bit Band Alias）是指存储区的另一个区域，该区域中的每 1 个字与位带中的 1 个位一一对应。对位带区的 1 个位的操作和对对应的别名区中的 1 个字的操作结果一样，但对位带别名区操作代码效率更高。STM32F407 中有两个区域支持位带，一个是 SRAM 区的最低 1MB 范围（0x2000 0000～0x200F FFFF），另一个是片内外设区的最低 1MB 范围（0x4000 0000～0x400F FFFF）。这两个区中的地址除了可以像普通的 RAM 一样使用，它们还都有自己的"位带别名区"，位带别名区把位带区的每个位膨胀成一个 32 位的字，即每个位带别名区有 32MB。其中，SRAM 的位带别名区的地址范围为：0x2200 0000～0x23FF FFFF；片内外设的位带别名区的地址范围为：0x4200 0000～0x43FF FFFF。位带和位带别名区在 STM32 存储区域中的分配如图 3-11 所示。

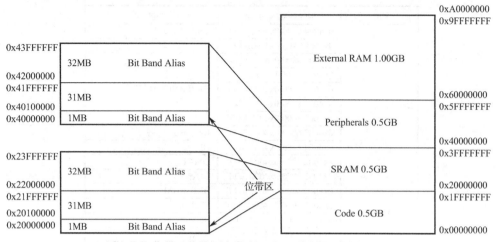

图 3-11 位带及位带别名区在 STM32 存储区域中的分配

2. 位带和位带别名区地址的映射关系

位带别名区的 1 个字由位带区的 1 个位经过膨胀后得到，此时虽然变大到 4 个字节，但是还是最低位才有效。由于 STM32F407 的系统总线是 32 位的，按照 4 个字节访问是最快的，所以膨胀成 4 个字节来访问是最高效的，即对位带别名区操作比对位带区操作速度更快，效率更高。

对于 SRAM 位带区内的某个位，假设它所在的字节地址为 byteaddr，位序号为 n（0<n<7）（如果为字地址，则 n 的范围为 0～31），则该位在别名区中的地址 bitbankaddr 为：

$$\text{bitbankaddr} = 0x22000000 + (\text{byteaddr}-0x20000000)×8×4 + n×4$$

其中，0x22000000 为 SRAM 别名区的起始地址，(byteaddr-0x20000000)表示该位所在的字节前面有多少个字节，×8 原因是一个字节有 8 个位，一个位膨胀后是 4 个字节，所以×4，n 表示该位在 bitbankaddr 地址中的序号，由于一个位膨胀成 4 个字节，故×4。位带和位带别名区的地址对应关系如图 3-12 所示。

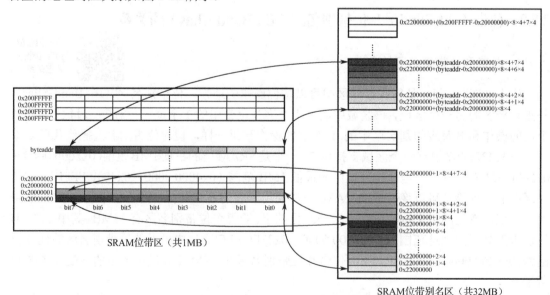

图 3-12 位带和位带别名区的地址对应关系

对于片内外设位带区的某个位，仍然假设它所在的字节地址为 byteaddr，位序号为 n（0<n<7），则该位在别名区中的地址 bitbankaddr 为：

$$bitbankaddr = 0x42000000 + (byteaddr-0x40000000)\times8\times4 + n\times4$$

各项含义与 SRAM 区域相同。

例如，要将 SRAM 中地址为 0x20000300 的字节的位 2 映射到别名区，由上述公式可得该位在别名区中的地址为：

$$0x22000000 + (0x20000300-0x20000000)\times32 + (2\times4) = 0x22006008$$

3. 任务 3-1 中 GPIOF 的 bit9 位和 bit10 位在别名区地址的计算

在《STM32F4xx 中文参考手册》的第 2 部分"存储器组织架构"中给出了各外设的边界地址，通过查阅这些边界地址可知，GPIOF 的基地址为 0x40021400，而 GPIOF 端口的 ODR 寄存器相对于该基地址的偏移为 0x14，由位带和位带别名区的映射关系可得，GPIOF 组端口的位 9 在别名区的地址为：

$$0x42000000 + (0x21414\times32) + (9\times4) = 0x424282A4$$

只要在任务 3-1 中 main.c 文件中 main()函数的前面加上一个宏定义：

```
#define LED0 (*(volatile unsigned int*)0x424282A4)
```

然后将 main()函数改为：

```
int main(void)
{
    Stm32_Clock_Init(336,8,2,7);// 168MHz
    Led_Init();
    while(1)
    {
        LED0 = 0;
        delay();
        LED0 = 1;
        delay();
    }
    return 0;
}
```

即可获得与任务 3-1 相同的实验结果。

扫一扫看
代码处理

4. 位带中的位与位带别名区中字地址的代码处理

为了提高通用性，我们一般先定义一个宏去计算位带中地址为 addr 的第 bitnumber 位映射到位带别名区的字的地址值，具体如下：

```
#define BITBANKWORDADDRVALUE (addr, bitnumber)
(addr&0xf0000000)+0x2000000+((addr&0xfffff)<<5)+(bitnumber<<2) //别名区地址的计算
```

然后再定义一个将地址值 addrvalue 强制转为地址的宏，具体如下：

```
#define MEM_ADDR(addrvalue) (*(volatile unsigned int *)(addrvalue))
```

最后，再通过上述的宏将位带中的位地址与位带别名区中的字地址对应，具体如下：

```
#define BIT_ADDR(addr, bitnumber) MEM_ADDR(BITBANKWORDADDRVALUE (addr, bitnumber))
```

经过上述步骤后，要想通过位带别名区来操作某一组端口中的某个位只需操作 BIT_ADDR 即可实现。以任务 3-1 操作的 PF9 的数据输出寄存器为例，要想让 PF9 输出 0，可用如下操作：

> BIT_ADDR(GPIOF_ODR, bitnumber) = 0;

不过，为了直观，一般采用如下的宏定义来定义一个更加直观的符号来代表上述语句的左边部分，具体如下：

> #define PFout(bitnumber) BIT_ADDR(GPIOF_ODR,bitnumber)

其中，GPIOF_ODR 代表 GPIOF 的输出数据寄存器的地址。完成上述定义后，在控制 PF9 的输出时直接操作 PFout()即可，任务 2-1 即采用这种结构。

3.3　结构体在 STM32 中的应用

在学习 C 语言的时候，我们曾学过有关结构体指针的如下知识：

扫一扫看
结构体的
应用

（1）声明一个结构体类型，比如：

```
struct student{
        long num;
        char name[20];
        char sex;
        float score;
};
```

（2）用上述声明的结构体类型去定义结构体类型的变量和指针变量，比如：

> struct student stu_1, *p;

（3）将变量 stu_1 的地址赋给指针变量 p，然后可以使用 p 结合指向运算符访问变量 stu_1 中的成员，具体如下：

> p = & stu_1;//然后，可以用如 p->num 等去访问 stu_1 中的成员

（4）系统会为结构体类型的变量分配内存空间，分配的内存空间大小为各成员所占大小之和，各成员的存储空间依次连续排列。

STM32F4ZG 有 7 组 I/O 端口，分别为 GPIOA、GPIOB、…、GPIOG，每组 I/O 端口有10 个相关寄存器，各寄存器的名称、偏移地址及说明如表 3-1 所示。

表 3-1　STM32F4ZG 的 I/O 端口寄存器名称、偏移地址及说明

序号	寄存器名称	偏移地址	寄存器说明
1	模式寄存器 MODER	0x00	配置端口 x 的某个引脚的功能
2	输出类型寄存器 OTYPER	0x04	配置 I/O 端口的输出类型
3	输出速度寄存器 OSPEEDR	0x08	使能端口 x 某引脚的响应速度
4	上拉/下拉寄存器 PUPDR	0x0c	使能端口 x 某引脚的上拉/下拉电阻
5	输入数据寄存器 IDR	0x10	保存端口输入数据
6	输出数据寄存器 ODR	0x14	保存端口输出数据
7	置位/复位寄存器 BSRR	0x18	对端口 x 位 y 进行置位或复位控制

续表

序号	寄存器名称	偏移地址	寄存器说明
8	配置锁定寄存器 LCKR	0x1c	用于锁定端口 x 位 y 的配置
9	复用功能低位寄存器 AFRL	0x20	选择端口 x 位 y 的复用功能（y=0~7）
10	复用功能高位寄存器 AFRH	0x24	选择端口 x 位 y 的复用功能（y=8~15）

为了访问端口方便，我们将这些寄存器封装进一个结构体，比如：

```
struct
{
    volatile unsigned int MODER;
    volatile unsigned int OTYPER;
    volatile unsigned int OSPEEDR;
    volatile unsigned int PUPDR;
    volatile unsigned int IDR;
    volatile unsigned int ODR;
    volatile unsigned short BSRRL;
    volatile unsigned short BSRRH;
    volatile unsigned int LCKR;
    volatile unsigned int AFR[2];
};
```

然后再为该结构体类型定义一个别名，比如：

```
typedef struct
{
    volatile unsigned int MODER;
    volatile unsigned int OTYPER;
    volatile unsigned int OSPEEDR;
    volatile unsigned int PUPDR;
    volatile unsigned int IDR;
    volatile unsigned int ODR;
    volatile unsigned short BSRRL;
    volatile unsigned short BSRRH;
    volatile unsigned int LCKR;
    volatile unsigned int AFR[2];
} GPIO_TypeDef;
```

最后用该结构体类型定义一个指针变量，比如：

```
GPIO_TypeDef* GPIOx;
```

这样，只要给变量 GPIOx 赋予正确的端口地址，就可以应用 GPIOx->成员的方式访问特定端口的特定寄存器。比如，GPIOF 的基地址为 0x40021400，只需将数据 0x40021400 进行如下的强制类型转换并赋值给 GPIOx：

```
GPIOx = (GPIO_TypeDef*)(0x40021400UL);          （1）
```

即可通过 GPIOx 访问 GPIOF 的各个寄存器，如 GPIOx->MODER 为访问 GPIOF 的 MODER 寄存器，GPIOx->OTYPER 为访问 GPIOF 的 OTYPER 寄存器。也许有读者会问：访问 GPIOF 的 OTYPER 不是要访问地址为 0x40021404 的存储单元吗？使用 GPIOx->OTYPER 怎么能访问 GPIOF 的 OTYPER 呢？这个问题很简单，结构体的成员依次存放，如果结构体的变量首地址是 GPIOF 的 MODER 的地址（0x40021400），而 MODER 占用 4 个字节的存储空间，则接下来的成员 OTYPER 的地址为 0x40021404，成员 OSPEEDR 的地址为 0x40021408，以此类推，这些地址不正是 GPIOF 的相关寄存器的地址吗？讨论到这里，读者应该注意，在将某个模块的寄存器封装进某个结构体时，这些寄存器的顺序一定要按偏移地址排列，否则访问成员可能达不到访问特定寄存器的目的！

通常，为了更加直观，我们都是先对代码段（1）的右边进行宏定义后再使用的，比如：

```
#define GPIOA          ((GPIO_TypeDef *) 0x40020000UL)
#define GPIOB          ((GPIO_TypeDef *) 0x40020400UL)
#define GPIOC          ((GPIO_TypeDef *) 0x40020800UL)
#define GPIOD          ((GPIO_TypeDef *) 0x40020C00UL)
#define GPIOE          ((GPIO_TypeDef *) 0x40021000UL)
#define GPIOF          ((GPIO_TypeDef *) 0x40021400UL)
#define GPIOG          ((GPIO_TypeDef *) 0x40021800UL)
```

然后执行如下语句：

```
GPIOx = GPIOF;
```

即可将某 GPIO 端口的基地址赋给指针变量 GPIOx，然后使用 GPIOx->MODER 等方式实现对 GPIOF 的寄存器的访问。

基于以上讨论，我们建立两个头文件，分别用于保存任务 2-1 中用到的数据结构，一个是 core_cm4.h，另一个是 stm32f407.h。其中 core_cm4.h 用于保存内核组件的寄存器的定义，由于 SysTick 是内核的一个组件，故其相关寄存器的结构体定义于此。stm32f407.h 用于保存非内核的外设、接口等的寄存器的结构体的定义。这样定义的原因在于，厂家不同，外设、接口的定义可能不同，但使用的内核却是一样的。

3.4　通用的 I/O 端口功能设置函数的设计

扫一扫看 I/O 端口功能设置函数

在任务 1-1 中，我们采用函数 Led_Init() 来对 GPIOF 的引脚功能进行设计，该函数只能针对 GPIOF 组端口，而且调用一次只能设置一个引脚，下面我们来讨论一个更加通用的能够对各个端口的各个引脚功能进行设置的函数的设计。

1. 函数入口参数的设计

首先，该函数必须提供一个端口寄存器访问的入口。根据我们前面的讨论，端口寄存器被封装在一个名为 GPIO_TypeDef 的结构体中，所以在该函数参数中我们可以提供一个应用该结构体类型定义的指针变量，如 GPIO_TypeDef* GPIOx，这样，在函数的参数传递中，只需要将某组 GPIO 端口的基地址传递给该指针变量，则可采用 GPIOx->成员的方式访问该指针变量中的任意成员，进而达到访问对应端口寄存器的目的。

其次，该函数必须提供一个用于指明待设置的引脚信息的参数。如果要设置的是第 1 个引脚，则该参数应该为 1；如果要设置的是第 2 个引脚，则该参数应该为 2。但这样设计，调用一次函数只能设置一个引脚功能，通用性不强，为此我们修改一下引脚参数的定义方式。以 PF9 和 PF10 为例，定义为：

```
#define PIN9    1<<9
#define PIN10   1<<10
```

然后，在调用 GPIO_Set() 时，引脚参数的传递采用按位或的方式传递，如 PIN9|PIN10（实参），这样形参方面就应该设置为一个无符号类型的参数。比如 uint pinx，在函数调用时，形

参中某位为 1 就表示该位对应的引脚需要设置。

接下来的参数应该提供对引脚功能的设置，考虑到引脚功能多达 4 种，所以这个参数我们可以设置为 u8 mode。

考虑到如果引脚功能被配置为输出时，还需要设置输出的驱动方式和响应速度，所以还需要设置两个参数分别指明这两个要素。考虑到驱动方式只有两种，响应速度有 4 种，我们可以设置驱动参数为 u8 otype，响应速度为 u8 ospeed。最后，每个引脚还要指明上下拉的使用，所以还需要一个参数，可以定义为 u8 pupd。

基于以上讨论，该函数的规划如下：

```
void GPIO_Set(GPIO_TypeDef* GPIOx,u32 pinx,u8 mode,u8 otype,u8 ospeed,u8 pupd)
{
        函数内容
}
```

2. 函数内容的设计

函数内容的设计要注意两点：一是从 pinx 参数中找出需要配置的引脚；二是设置待配置引脚的模式，如果是输出模式，则需要配置驱动方式和响应速度。基于此考虑，可得函数内容规划如下：

```
定义变量 pinposition;                                        //用于遍历 pinx，以找出待设置的引脚
    for(pinposition=0;pinposition<16;pinposition++)   //每组 16 个引脚
    {
            if((1<<pinposition)&pinx)   //如为真，说明第 pinposition 个引脚需要设置
            {
                    设置第 pinposition 个引脚的工作方式是输入、输出或者其他
                    if(是输出)
                    {
                            配置输出的驱动方式
                            配置输出的响应速度
                    }
                    配置上下拉
            }
    }
```

对应代码如下：

```
void GPIO_Set(GPIO_TypeDef *GPIOx,u32 Bitx,u8 mode,u8 otype,u8 ospeed, u8 pupd)
{
        u8 pos;
        for(pos=0;pos<16;pos++)
        {
                if((1<<pos)& Bitx)
                {
                        GPIOx->MODER &=  ~(3<<pos*2);
                        GPIOx->MODER |= (mode<<pos*2);
                        if(mode==0x01)
                        {
                                GPIOx->OTYPER &=  ~(1<<pos);
                                GPIOx->OTYPER |=   (otype<<pos);
                                GPIOx->OSPEEDR &=  ~(3<<pos*2);
                                GPIOx->OSPEEDR |= (speed<<pos*2);
                        }
                        GPIOx->PUPDR &=~(3<<pos*2);
```

```
            GPIOx->PUPDR |= (pupd<<pos*2);
        }
    }
}
```

任务 3-2　跑马灯的实现

1. 任务目标

利用 STM32 的 PF9 和 PF10 分别控制发光二极管 LED0
和 LED1 轮流闪烁（跑马灯）。

2. 电路连接

跑马灯的硬件电路连接如图 3-13 所示。

3. 源程序设计

1）工程的组织结构

工程的组织结构如表 3-2 所示。

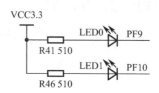

图 3-13　跑马灯硬件电路连接图

表 3-2　任务 3-2 的工程组织结构

工程名	工程包含的文件夹及其中的文件			
跑马灯的实现	user	启动文件 startup_stm32f40_41xxx.s，main.c 及工程文件		
	obj	存放编译输出的目标文件和 .hex 文件		
	hardware	led	led.c	定义函数 LED_Init()
			led.h	对 led.c 中的函数进行声明
	system	delay	delay.c	定义延时函数
			delay.h	对 delay.c 中定义的延时函数进行声明
		sys	sys.c	定义系统时钟初始化函数、时钟配置函数、GPIO 端口功能设置函数等
			sys.h	对 sys.c 中定义的函数的声明
			stm32f407.h	定义各 GPIO 端口的基地址
			typedef.h	定义 u8、u16、u32、GPIO_TypeDef 等数据类型

2）源程序

（1）main.c

```
#include "delay.h"
#include "sys.h"
#include "led.h"
int main(void)
{
    Stm32_Clock_Init(336,8,2,7);      //系统时钟初始化
    LED_Init();                       //LED 灯初始化
    while(1)
    {
        LED0 = 0; LED1 = 1;           //LED0 亮 LED1 灭
        delay();
        LED0 = 1; LED1 = 0;           //LED0 灭 LED1 亮
```

```
            delay();
        }
    }
```

（2）led.c

```
#include "stm32f407.h"
#include "led.h"
#include "typedef.h"
#include "sys.h"
void LED_Init(void)
{
    RCC_AHB1ENR |= 1<<5;                        //使能 GPIOF 的时钟
    GPIO_Set(GPIOF,(1<<9)|(1<<10),1,0,1,1);     //设置 GPIOF 的第 9 和第 10 引脚
    LED0 = 1;                                   //关 LED0 和 LED1
    LED1 = 1;
}
```

（3）led.h

```
#ifndef _LED_H_
#define _LED_H_
    #include "stm32f407.h"
    #define LED0 PFout(9)
    #define LED1 PFout(10)
    void LED_Init(void);
#endif
```

（4）sys.c

```
#include "typedef.h"
#include "stm32f407.h"
void GPIO_Set(GPIO_TypeDef *GPIOx,u16 pin,u8 mode,u8 otype,u8 ospeed,u8 pupd)
{
    u8 pos=0;
    for(pos=0;pos<16;pos++)        //遍历所有 16 个引脚
    {
        if((1<<pos)&pin)           //判断需要设置哪些引脚
        {
            GPIOx->MODER &= ~(3<<(pos*2));        //配置端口功能
            GPIOx->MODER |= (mode<<(pos*2));
            if((GPIOx->MODER == 1)||(GPIOx->MODER == 2))
            {
                GPIOx->OTYPER   &= ~(1<<pos);
                GPIOx->OTYPER   |= (otype<<pos);
                GPIOx->OSPEEDR &=~(3<<(pos*2));
                GPIOx->OSPEEDR |= (ospeed<<(pos*2));
            }
            GPIOx->PUPDR &= ~(3<<(pos*2));
            GPIOx->PUPDR |= (pupd<<(pos*2));
        }
    }
}
/*将任务 1-1 中的函数 Sys_Clock_Set()和 Stm32_Clock_Init()复制过来*/
//函数 Sys_Clock_Set(u32 plln,u32 pllm,u32 pllp,u32 pllq)
//函数 Stm32_Clock_Init(u32 plln,u32 pllm,u32 pllp,u32 pllq)
```

（5）sys.h

```
#ifndef _SYS_H_
#define _SYS_H_
    #include "typedef.h"
    void GPIO_Set(GPIO_TypeDef *GPIOx,u16 pin,u8 mode,u8 otype,u8 ospeed,u8 pupd);
    u8 Sys_Clock_Set(u32 plln,u32 pllm,u32 pllp,u32 pllq);
    void Stm32_Clock_Init(u32 plln,u32 pllm,u32 pllp,u32 pllq);
#endif
```

（6）delay.c

```
#include "typedef.h"
void delay(void)
{
    u32 i, j;
    for(i=0; i<2000; i++)
        for(j=0; j<5000; j++) ;
}
```

（7）delay.h

```
#ifndef _DELAY_H_
#define _DELAY_H_
    void delay(void);
#endif
```

（8）stm32f407.h

```
#ifndef _STM32F407_H_
#define _STM32F407_H_
    #define RCC_CR          (*(volatile unsigned int*)0x40023800)
    #define RCC_PLLCFGR     (*(volatile unsigned int*)0x40023804)
    #define RCC_CFGR        (*(volatile unsigned int*)0x40023808)
    #define RCC_CIR         (*(volatile unsigned int*)0x4002380C)
    #define RCC_AHB1ENR     (*(volatile unsigned int*)0x40023830)
    #define RCC_APB1ENR     (*(volatile unsigned int*)0x40023840)
    #define PWR_CR          (*(volatile unsigned int*)0x40007000)

    #define FLASH_ACR       (*(volatile unsigned int*)0x40023c00)
    #define GPIOF_ODR       0x40021414
    #define ALIASADDR(bitbandaddr,bitn) (*(volatile unsigned int*)((bitbandaddr&0xf0000000)
                    +0x2000000+((bitbandaddr&0xfffff)<<5)+(bitn<<2)))
    #define PFout(n)    ALIASADDR(GPIOF_ODR, n)
    #define GPIOF (GPIO_TypeDef*)0x40021400
#endif
```

（9）typedef.h

```
#ifndef _TYPEDEF_H_
#define _TYPEDEF_H_
    #define u8   unsigned char
    #define u16 unsigned short
    #define u32 unsigned int
    typedef struct
    {
        volatile u32 MODER;
        volatile u32 OTYPER;
        volatile u32 OSPEEDR;
```

```
            volatile u32 PUPDR;
            volatile u32 IDR;
            volatile u32 ODR;
            volatile u32 BSRR;       //如分开，则定义为"volatile u16 BSRRL/BSRRH;"
            volatile u32 LCKR;
            volatile u32 AFR[2];
        }GPIO_TypeDef;
    #endif
```

对工程进行编译、链接，并将链接结果创建的.hex 文件下载到开发板上，即可看到两颗 LED 灯轮流点亮。

习　题　3

1．填空题

（1）存储器中的 RAM 表示＿＿＿＿＿＿＿＿＿，ROM 表示＿＿＿＿＿＿＿＿＿＿＿。

（2）小端格式的特点是＿＿＿＿＿＿＿＿＿＿＿＿＿＿＿＿＿＿＿＿＿＿＿＿＿＿＿＿＿＿。

（3）已知 GPIOF_MODER 的地址是 0x40021400，位数为 32 位，则可使用宏定义＿＿＿＿＿＿＿＿＿＿＿＿＿＿＿＿＿＿＿＿＿＿＿，使得符号 GPIOF_MODER 可以代表地址为 0x40021400 的存储单元。

（4）STM32F407 有两个位段，分别是＿＿＿＿＿＿＿＿和＿＿＿＿＿＿＿＿。

（5）GPIOE 的 bit8 在别名区中的地址是＿＿＿＿＿＿＿＿＿＿＿＿＿＿＿＿＿＿＿。

2．思考题

（1）根据 STM32 I/O 端口的特点，试写出配置 I/O 引脚功能的程序段。

（2）查阅 STM32 数据手册，试采用结构体形式将 USART1 的寄存器组织起来。

项目 4 精确延时的实现——SysTick 定时器的原理及其应用

项目介绍		
实现任务		精确延时的实现
知识要点	软件方面	掌握应用 SysTick 实现 ms 级延时的延时函数的实现流程
	硬件方面	掌握 SysTick 定时器的工作原理
使用的工具或软件		Keil for ARM、"探索者"开发板和下载器
建议学时		4

任务 4-1　蜂鸣器发声控制

 扫一扫看
源程序设计

1. 任务目标

利用 SysTick 定时器控制蜂鸣器周期发声，发声周期为 2s。

2. 电路连接

蜂鸣器与 STM32 的电路连接图如图 4-1 所示。

3. 源程序设计

1）工程的组织结构

工程的组织结构如表 4-1 所示。

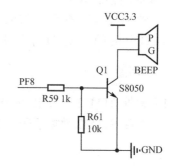

图 4-1　蜂鸣器与 STM32 的电路连接图

表 4-1　任务 4-1 的工程组织结构

工程名	工程包含的文件夹及其中的文件			
SysTick 定时器 精确延时	user	启动文件 startup_stm32f40_41xxx.s，main.c 及工程文件		
	obj	存放编译输出的目标文件和.hex 文件		
	hardware	led	led.c	定义函数 LED_Init()
			led.h	对 led.c 中的函数进行声明
		beep	beep.c	定义函数 BEEP_Init ()
			beep.h	对 beep.c 中的函数进行声明
	system	delay	delay.c	定义使用滴答定时器的 ms 级延时函数
			delay.h	声明 delay.c 中的延时函数

续表

工程名	工程包含的文件夹及其中的文件		
SysTick 定时器 精确延时	system	sys	sys.c: 定义系统时钟初始化函数、系统时钟配置函数、GPIO 端口功能设置函数 GPIO_Set()
			sys.h: 对各 GPIO 端口输入/输出数据寄存器基地址的宏定义,以及对 sys.c 中定义的函数的声明
			stm32f407.h: 为类型定义别名及将相关模块的寄存器封装进结构体; 定义各 GPIO 端口的基地址,如: #define GPIOA_BASE 0x4002 0000 将各 GPIO 端口的地址值转换为指针的定义,如: #define GPIOA ((GPIO_TypeDef *) GPIOA_BASE)
			typedef.h: 将滴答定时器各寄存器封装进结构体 SysTick_Type; 将 RCC 相关寄存器封装进结构体 RCC_TypeDef

2）源程序设计

（1）main.c

```
#include "delay.h"
#include "sys.h"
#include "led.h"
#include "beep.h"
int main(void)
{
    Stm32_Clock_Init(336,8,2,7);        //系统时钟初始化
    LED_Init();                         //LED 灯初始化
    BEEP_Init();
    while(1)
    {
        LED0 = 0; BEEP = 1;             //LED0 亮 BEEP 响
        Delay_ms(1000);                 //延时 1s
        LED0 = 1;BEEP= 0;               //LED0 灭 LED1 亮
        Delay_ms(1000);
    }
}
```

（2）led.c

```
#include "stm32f407.h"
#include "led.h"
#include "typedef.h"
#include "sys.h"
void LED_Init(void)
{
    RCC_AHB1ENR |= 1<<5;                     //使能 GPIOF 的时钟
    GPIO_Set(GPIOF,(1<<9)|(1<<10),1,0,1,1);  //配置 GPIOF 的 PF9 和 PF10 为输出
    LED0 = 1;
    LED1 = 1;
}
```

（3）led.h

```
#ifndef _LED_H_
#define _LED_H_
    #include "stm32f407.h"
    #define LED0 PFout(9)        //定义 LED0 代表 PF9 的输出设置
```

```
        #define LED1 PFout(10)
        void LED_Init(void);
    #endif
```

（4）beep.c

```
#include "stm32f407.h"
#include "beep.h"
#include "typedef.h"
#include "sys.h"
void BEEP_Init(void)
{
    RCC_AHB1ENR |= 1<<5;              //使能 GPIOF 的时钟
    GPIO_Set(GPIOF,(1<<8),1,0,1,1);  //设置 PF8 为输出
    BEEP = 0;
}
```

（5）beep.h

```
#ifndef _BEEP_H_
#define _BEEP_H_
    #include "stm32f407.h"
    #define BEEP PFout(8)
    void BEEP_Init(void);
#endif
```

（6）SysTick 定时器延时函数 delay.c

```
#include "typedef.h"
#include "stm32f407.h"
//Delay_xms()只能进行<798ms 的延时
void Delay_xms(u16 xms)
{
    u32 num = 21000;      //采用 HCLK/8 做时钟源，HCLK=168MHz，1ms 需要数 21000 个脉冲
    if(xms>798) return;   //采用 HCLK/8 做时钟源，一次最大计数值是 798ms
    SysTick->LOAD = xms*num;        // (1) 将初值装入重装载值寄存器
    SysTick->CTRL&=~(1<<2);         // (2) 选择参考时钟做时钟源
    SysTick->VAL = 0;               // (3) 对当前值寄存器进行清 0
    SysTick->CTRL |= (1<<0);        // (4) 启动计数器
    while((SysTick->CTRL&(1<<16))==0);// (5) 等待计数结束
    SysTick->CTRL &= ~(1<<0);       // (6) 关闭计数器
}
//Delay_ms()可以进行>798ms 的延时
void Delay_ms(u16 ms)
{
    u16 repeat=0, remain=0;
    repeat = ms/500;                //调用 Delay_xms(500)共 repeat 次
    remain = ms%500;                //调用一次 Delay_xms(remain)
    while(repeat)
    {
        Delay_xms(500);
        repeat--;
    }
    if(remain>0) Delay_xms(remain);
}
```

（7）delay.h

```
#ifndef _DELAY_H_
#define _DELAY_H_
    #include "typedef.h"
    void Delay_xms(u16 xms);
    void Delay_ms(u16 ms);
#endif
```

（8）sys.c

```
#include "typedef.h"
#include "stm32f407.h"
void GPIO_Set(GPIO_TypeDef *GPIOx,u16 pin,u8 mode,u8 otype,u8 ospeed,u8 pupd)
{
    u8 pos=0;
    for(pos=0;pos<16;pos++)
    {
        if((1<<pos)&pin)
        {
            GPIOx->MODER &= ~(3<<(pos*2));
            GPIOx->MODER |= (mode<<(pos*2));
            if((GPIOx->MODER == 1)||(GPIOx->MODER == 2))
            {
                GPIOx->OTYPER   &= ~(1<<pos);
                GPIOx->OTYPER   |= (otype<<pos);
                GPIOx->OSPEEDR &=~(3<<(pos*2));
                GPIOx->OSPEEDR |= (ospeed<<(pos*2));
            }
            GPIOx->PUPDR &=  ~(3<<(pos*2));
            GPIOx->PUPDR |= (pupd<<(pos*2));
        }
    }
}
/*将任务 1-1 中的函数 Sys_Clock_Set()和 Stm32_Clock_Init()复制过来*/
//函数 Sys_Clock_Set(u32 plln,u32 pllm,u32 pllp,u32 pllq)
//函数 Stm32_Clock_Init(u32 plln,u32 pllm,u32 pllp,u32 pllq)
```

（9）sys.h

```
#ifndef _SYS_H_
#define _SYS_H_
    #include "typedef.h"
    void GPIO_Set(GPIO_TypeDef *GPIOx,u16 pin,u8 mode,u8 otype,u8 ospeed,u8 pupd);
    u8 Sys_Clock_Set(u32 plln,u32 pllm,u32 pllp,u32 pllq);
    void Stm32_Clock_Init(u32 plln,u32 pllm,u32 pllp,u32 pllq);
#endif
```

（10）stm32f407.h

```
#ifndef _STM32F407_H_
#define _STM32F407_H_
    #define RCC_CR          (*(volatile unsigned int*)0x40023800)
    #define RCC_PLLCFGR     (*(volatile unsigned int*)0x40023804)
    #define RCC_CFGR        (*(volatile unsigned int*)0x40023808)
    #define RCC_CIR         (*(volatile unsigned int*)0x4002380C)
    #define RCC_AHB1ENR     (*(volatile unsigned int*)0x40023830)
    #define RCC_APB1ENR     (*(volatile unsigned int*)0x40023840)
    #define PWR_CR          (*(volatile unsigned int*)0x40007000)
```

```
#define FLASH_ACR       (*(volatile unsigned int*)0x40023c00)
#define GPIOF_ODR       0x40021414
#define ALIASADDR(bitbandaddr,bitn) (*(volatile unsigned int*)((bitbandaddr&0xf0000000)
            +0x2000000+((bitbandaddr&0xfffff)<<5)+(bitn<<2)))
#define PFout(n)   ALIASADDR(GPIOF_ODR, n)
#define GPIOF ((GPIO_TypeDef*)0x40021400)
#define SysTick ((SysTick_TypeDef*)0xe000e010)
#endif
```

（11）typedef.h

```
#ifndef _TYPEDEF_H_
#define _TYPEDEF_H_
        #define u8   unsigned char
        #define u16 unsigned short
        #define u32 unsigned int
        typedef struct
        {
            volatile u32 MODER;
            volatile u32 OTYPER;
            volatile u32 OSPEEDR;
            volatile u32 PUPDR;
            volatile u32 IDR;
            volatile u32 ODR;
            volatile u32 BSRR;    //如分开，则为"u16 BSRRL/BSRRH;"
            volatile u32 LCKR;
            volatile u32 AFR[2];
        }GPIO_TypeDef;
        typedef struct
        {
            volatile u32 CTRL;
            volatile u32 LOAD;
            volatile u32 VAL;
            volatile u32 CALIB;
        }SysTick_TypeDef;
#endif
```

4.1 SysTick 定时器介绍

扫一扫看
滴答定时
器介绍

1. SysTick（滴答）定时器简介

SysTick 定时器又称为滴答定时器，滴答定时器是一个 24 位的倒计时定时器，一次最多可以计数 2^24 个时钟脉冲，它的主要作用是为操作系统提供一个时基。由于滴答定时器属于内核里面的一个模块，不是 STM32 的一个片上外设，所以在《STM32 中文参考手册》中没有介绍。如果要查相关介绍，则需要翻阅《ARM Cortex M3 与 M4 权威指南》中的第 9 章第 9.5 节。接下来我们详细介绍一下滴答定时器的内部电路构成及其工作原理。

2. 滴答定时器的构成及工作原理

如图 4-2 所示为滴答定时器系统的简化方框图，由图可见，滴答定时器主要由 4 个寄存器、时钟源及相关控制逻辑构成。4 个寄存器分别是重装载值寄存器、24 位向下计数器、控制和状态寄存器和校准值寄存器。其中，计数器是滴答定时器的核心，24 位，用于对输入脉冲进行向下计数，每来一个脉冲，其值减 1。重装载值寄存器用于保存计数器的初值，当计数值减小到 0 时，重装载值寄存器会将自己保存的值装入计数器中。控制和状态寄存器用于控制计数器的启动与停止、标志计数器计数到 0、配置滴答定时器的中断使能及选择滴答定时器的时钟源。

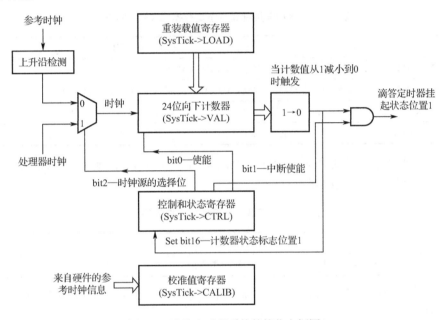

图 4-2　滴答定时器系统的简化方框图

在控制逻辑方面，左边是一个 2 路选择开关，用于选择计数器的时钟源。当控制和状态寄存器的 bit2 位为 0 时选择参考时钟（reference clock）作为计数器的时钟源，为 1 时选择处理器时钟（processor clock）作为计数器的时钟源，具体如图 4-3 所示。右边是一个与门，当控制和状态寄存器的 bit1 位为 1 时，与门的输出由计数器决定，当计数器计数值从 1 变为 0 时，与门输出 1 并送给其后的中断系统。

滴答定时器实际上就是 Cortex 系统定时器，在 STM32 的时钟系统中，它位于图 4-4 中方框所示的位置。虽然图中 SysTick 定时器前面标有"/8"，但滴答定时器的时钟并不一定是 HCLK/8，它的时钟源有两个，一个是外部时钟源（HCLK/8，即前面提到的参考时钟），另一个是内核时钟源（HCLK），具体选择哪一个作为滴答定时器的时钟源由滴答定时器控制和状态寄存器的 bit2 位决定。

3. 滴答定时器模块相关寄存器描述

如图 4-2 所示，滴答定时器模块相关寄存器一共有 4 个，分别为：

（1）SysTick 控制和状态寄存器（SysTick Control and Status Register，地址：0xE000E010）该寄存器相关位的描述如表 4-2 所示。

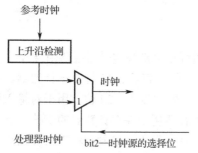

图 4-3　计数器时钟源选择

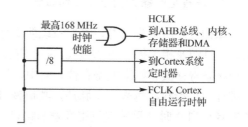

图 4-4　滴答定时器在时钟树中的位置

表 4-2　SysTick 控制和状态寄存器相关位的描述

位序	名　称	类　型	描　　述
16	COUNTFLAG	只读	计数到 0 置 1；读取该位将清 0
2	CLKSOURCE	可读可写	时钟来源选择，1=HCLK 内核时钟；0=HCLK/8 外部时钟
1	TICKINT	可读可写	1=计数到 0 产生 SysTick 异常请求；0=计数到 0 无动作
0	ENABLE	可读可写	使能位，即定时器开关，1=定时器打开计数

（2）SysTick 重装载值寄存器（SysTick Reload Value Register，地址：0xE000E014）
该寄存器相关位的描述如表 4-3 所示。

表 4-3　重装载值寄存器相关位的描述

位段	名　称	类　型	描　　述
23:0	RELOAR	可读可写	保存重新装入到当前计数器的值

（3）SysTick 的计数器（SysTick Current Value Register，地址：0xE000E018）
该寄存器相关位的描述如表 4-4 所示。

表 4-4　计数器相关位的描述

位段	名　称	类　型	描　　述
23:0	CURRENT	可读可写	读取时返回当前计数值，写入数据则使之清 0，同时还会清除在 SysTick 控制和状态寄存器中的标志

（4）SysTick 校准值寄存器（SysTick Calibration Register，地址：0xE000E01C）
该寄存器相关位的描述如表 4-5 所示。

表 4-5　校准值寄存器相关位的描述

位段	名　称	类　型	复位值	描　　述
31	NOREF	只读	—	1=没有外部参考时钟（STCLK 不可用）； 0=外部参考时钟可用
30	SKEW	只读	—	1=校准值不是准确的 10ms； 0=校准值是准确的 10ms
23:0	TENMS	可读可写	0	在 10ms 的间隔中倒计数的格数。芯片设计者应该通过 Cortex-M3 的输入信号提供该数值。若该值读回零，则无法使用校准功能

图 4-5 给出了这 4 个寄存器的地址及使用信息。

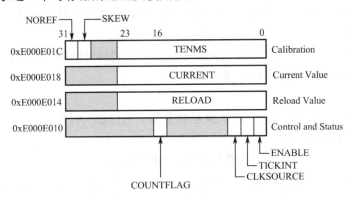

图 4-5　SysTick 定时器相关寄存器地址及使用信息

与前面项目中组织 GPIO 端口的寄存器类似，将这 4 个寄存器在编程时按地址先后顺序封装进一个结构体，再为这个结构体类型定义一个别名，如下所示：

```
typedef struct
{
    volatile unsigned int CTRL;
    volatile unsigned int LOAD;
    volatile unsigned int VAL;
    volatile unsigned int CALIB;
}SysTick_Type;//定义名为 SysTick_Type 的结构体类型，该类型的变量有 4 个成员
```

然后再采用如下的方式：

```
#define SysTick ((SysTick_Type *)0xE000E010)
```

定义符号 SysTick 代表 SysTick 模块寄存器的起始地址，这样就可以采用 SysTick->成员的方式访问该变量中的各个成员了。

4.2　滴答定时器的延时应用

 扫一扫看
滴答定时
器的应用

1. 计数器初值的确定和定时值

下面通过两个例子来学习滴答定时器计数器的初值的确定和定时值。

例 1：假设系统时钟主频是 168MHz，滴答定时器的时钟源为外部基准时钟（HCLK/8），要实现一次定时 500ms，则滴答定时器的初值应为多少？

答：

由滴答定时器的时钟源介绍我们知道，当滴答定时器选择基准时钟作为它的计数器输入时钟时，计数器的输入信号频率为 HCLK 8 分频，也就是说，滴答定时器计数器的输入信号频率为：

$$F_{systick}=168MHz/8=21MHz$$

由于频率和周期互为倒数，我们可以得到输入信号周期为：

$$T_{systick}=1/F_{systick}=1/21MHz=1/21\mu s$$

所以，要计数 500ms，需要的计数次数 x 为：

$$x = 500\text{ms}/T_{\text{systick}} = 10500000 = 0\text{xA037A0}$$

由于滴答定时器数到 0 时产生异常触发信号，所以它的计数初值就是它的计数次数，所以例中滴答定时器的初值应该为 0xA037A0。

例 2：假设系统主频仍然是 168MHz，滴答定时器的时钟源仍然为外部基准时钟，那么滴答定时器一次定时的时间最大值是多少？

答：

我们来看一下，由于滴答定时器为 24 位计数器，它的最大计数次数为 0xffffff，根据例 1 的分析，它一次定时的最大值为：

$$0\text{xffffff} \times 1/21\mu\text{s} = 0.798915\text{s}$$

根据这个计算，在系统主频为 168MHz，时钟源采用基准时钟时，滴答定时器一次定时不能超过 0.798915s。在这种情况下，要想让滴答定时器延时超过这个值，就需要重复让它进行多次计数了。

2. 延时应用

SysTick 定时器是一个 24 位的递减计数器，设定初值并使能它后，它会把重装载值寄存器中的值装入计数器中并对输入脉冲进行计数，每来一个脉冲，计数器减 1，减到 0 时，控制寄存器第 16 位置 1。所以，只要知道滴答定时器计数器的输入时钟周期及计数器初值，即可通过查询控制和状态寄存器中的第 16 位是否置 1 获得一次计时时间。查询语句可以采用下面语句来实现：

```
while((SysTick_CTRL&(1<<16))==0); // （5）查询计数是否结束
```

这条语句执行完之后，就意味着一次计时结束了。

根据滴答定时器的延时原理，我们可以得到滴答定时器的延时函数的设计步骤如下：

（1）根据延时时间和输入脉冲周期算出计时初值，并将此值装入重装载值寄存器中。

（2）通过 SysTick_CTRL 控制寄存器选择滴答定时器的时钟源并获得滴答定时器一次输入脉冲的周期。

（3）对计数器清 0（注意：写入任一数值可以对其清 0）。

（4）启动滴答定时器。

（5）查询控制和状态寄存器的计数标志位是否为 1，如为 1 则一次定时结束。

（6）定时结束之后关闭滴答定时器。

基于上述步骤可得延时函数的设计如下：

```
void Delay_xms(u16 xms)
{
    u32 num = 21000;    //采用 HCLK/8 做时钟源，HCLK=168MHz，1ms 需要数 21000 个脉冲
    if(xms>798) return;  //采用 HCLK/8 做时钟源，一次最大计数值是 798ms
    SysTick_LOAD = xms*num;         // （1）设置重装载值寄存器的值
    SysTick_CTRL&=~(1<<2);          // （2）选择时钟源
    SysTick_VAL = 0;                // （3）对计数器清 0
    SysTick_CTRL |= (1<<0);         // （4）启动计数器
    while((SysTick_CTRL&(1<<16))==0); // （5）查询计数是否结束
    SysTick_CTRL &= ~(1<<0);        // （6）一次计数结束，关闭计数器
}
```

在这个函数中，我们首先定义一个变量 num，并赋一个初值 21000 给它，赋这个初值的

原因在于当系统主频是 168MHz，采用基准时钟作为滴答定时器的时钟源时，滴答定时器计时 1ms 刚好数 21000 次，这样的话在调用这个函数时，函数的参数只需要输入要延时的 ms 值就可以了。例如，要延时 10ms，在调用这个函数时它的实际参数值取 10 就可以了；要延时 500ms，在调用这个函数时函数的实际参数值取 500 就可以了。

　　然后是一个条件判断，判断一次延时是不是超过了 798ms，如果超过，则返回。

　　给重装载值寄存器赋初值，注意这时赋的初值是 num 这个变量的值乘以参数值。

　　选择时钟源。

　　对计数器进行清空，赋任何数值给 VAL，计数器都会清 0。

　　启动计数器，这时重装载值寄存器的值装入计数器中，计数器启动计数。

　　while 循环用来查询计数是否结束，while 循环语句执行完说明一次计数结束，最后就可以关闭计数器了。

　　需要注意的是，函数 Delay_xms() 的参数的取值范围不能超过 798。如果要延时超过 798ms，可以采用多次延时来实现。举个例子，如果要延时 2.4s，也就是 2400ms，可以调用 Delay_nms(500)4 次，然后再调用 Delay_nms(400)1 次。更通用的，可以采用如下的函数来实现：

```
void Delay_ms(unsigned short x)
{
    u16 repeat=0, remain=0;
    repeat = x/500;             //重复多少次 500ms 的计数
    remain = x%500;             //余下的不够 500 次的计数次数
    while(repeat)
    {
        Delay_ms(500);          //延时 500ms
        repeat--;
    }
    if(remain) Delay_ms(remain);
}
```

习　题　4

1. 填空题

（1）SysTick 定时器是一个＿＿＿位的＿＿＿＿（填"递增"或"递减"）计数器。

（2）SysTick 包含四个寄存器，分别是＿＿＿＿＿、＿＿＿＿＿、＿＿＿＿＿和＿＿＿＿。

（3）如果 HCLK=72MHz，采用外部基准时钟，则 SysTick 的一次计时的最大计时时间是＿＿＿＿＿。

（4）PF8 在位段别名区中的地址是＿＿＿＿＿＿＿＿＿＿＿＿＿＿。

2. 思考题

（1）试阐述 SysTick 的工作原理并写出应用其实现延时的程序段。

（2）查阅 STM32 相关数据手册，将定时器 TIM1 的寄存器封装进一个结构体。

项目 5　机械按键的识别——初步认识 GPIO 端口的输入功能

项目介绍		
实现任务		机械按键的识别
知识要点	软件方面	掌握 GPIO 端口做输入时的设置，进一步熟悉函数 GPIO_Set()的使用
	硬件方面	无
使用的工具或软件		Keil for ARM、"探索者"开发板和下载器
建议学时		4

任务 5-1　识别机械按键的按下与弹起

1. 实现目标

使用按键 WAKE_UP 控制蜂鸣器，KEY0 控制 LED0，KEY1 控制 LED1，KEY2 同时控制 LED0 和 LED1。控制效果都是按一次，各自状态反转一次。

2. 实现电路

电路包括 LED 模块电路、按键模块电路和蜂鸣器模块电路，如图 5-1 所示。需要注意的是，KEY0、KEY1 和 KEY2 的按键识别都是低电平有效，而 WAKE_UP 则是高电平有效，并且外部都没有上/下拉电阻，所以，需要在 STM32F4 内部设置上/下拉电阻。

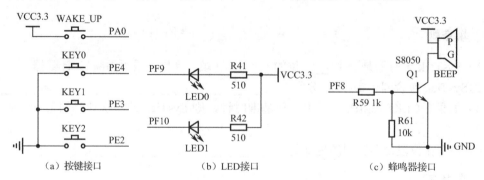

（a）按键接口　　　　（b）LED接口　　　　（c）蜂鸣器接口

图 5-1　按键与 STM32F4 连接原理图

3. 源程序

1）工程的组织结构

工程的组织结构如表 5-1 所示。

表 5-1　工程的组织结构

工程名	工程包含的文件夹及其中的文件			
按键输入实验	user	启动文件 startup_stm32f40_41xxx.s，main.c 及工程文件		
	output	存放编译输出的目标文件和.hex 文件		
	hardware	led	led.c	定义函数 LED_Init()
			led.h	对 led.c 中的函数进行声明
		beep	beep.c	定义函数 BEEP_Init()
			beep.h	对 beep.c 中的函数进行声明
		key	key.c	定义函数 KEY_Init()、KEY_Scan()
			key.h	对 key.c 中的函数进行声明
	system	delay	delay.c	定义使用滴答定时器延时的 ms 级延时函数
			delay.h	对 delay.c 中定义的延时函数进行声明
		sys	sys.c	定义系统时钟初始化函数 Stm32_Clock_Init()、系统时钟配置函数 Sys_Clock_Set()、GPIO 端口功能设置函数 GPIO_Set()
			sys.h	对各 GPIO 端口输入/输出数据寄存器基地址的宏定义及对 sys.c 中定义的函数的声明
			stm32f407.h	为类型定义别名及将相关模块的寄存器封装进结构体
			core_cm4.h	将滴答定时器各寄存器封装进结构体 SysTick_Type；定义 SysTick 的基地址

2）源程序设计

（1）main.c

```
#include "delay.h"
#include "sys.h"
#include "led.h"
#include "key.h"
#include "beep.h"
int main(void)
{
    u8 key_value = 0;
    Stm32_Clock_Init(336,8,2,7);//系统时钟初始化
    LED_Init();//LED 初始化
    BEEP_Init();
    KEY_Init();
    while(1)
    {
        key_value = KEY_Scan();//获得按键值
        switch(key_value)//判断按键值，并做相应的动作
        {
            case 1: LED0 = ~LED0; break;//KEY0 被按下
            case 2: LED1 = ~LED1; break;//KEY1 被按下
            case 3: BEEP = ~BEEP; break;//KEY2 被按下
            case 4: LED0 = ~LED0; LED1 = ~LED1; break;//WAKE_UP 被按下
        }
```

```
        }
    }
```

（2）led.c

```
#include "stm32f407.h"
#include "led.h"
#include "sys.h"
/*将任务 4-1 中的函数 void LED_Init()复制过来*/
```

（3）led.h

```
#ifndef _LED_H_
#define _LED_H_
    #include "stm32f407.h"
    #define LED0 PFout(9)
    #define LED1 PFout(10)
    void LED_Init(void);
#endif
```

（4）beep.c

```
#include "stm32f407.h"
#include "sys.h"
#include "beep.h"
/*将任务 4-1 中的函数 void BEEP_Init()复制过来*/
```

（5）beep.h

```
#ifndef _BEEP_H_
#define _BEEP_H_
    void BEEP_Init(void);
    #define BEEP PFout(8)
#endif
```

（6）key.c

```
#include "sys.h"
#include "key.h"
#include "delay.h"
void KEY_Init(void)
{
    RCC->AHB1ENR |= (1<<0); //使能 PA 端口的时钟
    RCC->AHB1ENR |= (1<<4); //使能 PE 端口的时钟
    GPIO_Set(GPIOA,(1<<0),0,0,0,2);//PA0 输入下拉
    GPIO_Set(GPIOE,((1<<2)|(1<<3)|(1<<4)),0,0,0,1);//PE2、PE3、PE4 输入上拉
}
/*KEY_Scan()函数有按键被按下，返回按键的值；没有按键被按下，返回 0。
    按键的值：KEY0=1、KEY1=2、KEY2=3、KEY_UP=4。  */
u8 KEY_Scan(void)
{
```

```
        static u8 key_flag=1; //按键弹起标志位为 1，按键被按下标志位为 0
        if(((WAKE_UP==1)||(KEY0==0)||(KEY1==0)||(KEY2==0))&&(key_flag==1))
        {//如果按键刚刚处于弹起状态，但现在被按下
            Delay_ms(10);//延时 20ms，消除抖动
            if((WAKE_UP==1)||(KEY0==0)||(KEY1==0)||(KEY2==0))
            {//确实有按键被按下
                key_flag = 0;
//key_flag=0 说明为被按下状态，防止重复触发导致按下一次但报被按下多次

                if(KEY0==0) return 1;
                if(KEY1==0) return 2;
                if(KEY2==0) return 3;
                if(WAKE_UP==1) return 4;
            }
        }
        if(((WAKE_UP==0)&&(KEY0==1)&&(KEY1==1)&&(KEY2==1))&&(key_flag==0))
        {//按键处于弹起状态而且刚刚是被按下状态
            Delay_ms(10); //消除弹起抖动
            if((WAKE_UP==0)&&(KEY0==1)&&(KEY1==1)&&(KEY2==1))
            {//确实弹起了，将标志位置 1
                key_flag = 1;
            }
        }
        return 0;//没有按键被按下返回 0
}
```

（7）key.h

```
#ifndef _KEY_H_
#define _KEY_H_
    #define KEY0 PEin(4)
    #define KEY1 PEin(3)
    #define KEY2 PEin(2)
    #define WAKE_UP PAin(0)
    void KEY_Init(void);
    unsigned char KEY_Scan(void);
#endif
```

（8）sys.c

```
#include "stm32f407.h"
/*将任务 4-1 中的函数 void GPIO_Set ()复制过来*/

u8 Sys_Clock_Set(u32 plln,u32 pllm,u32 pllp,u32 pllq)
{
    u16 retry=0;
    u8 status=0;
    RCC->CR|=1<<16;
```

```
        while(((RCC->CR&(1<<17))==0)&&(retry<0X1FFF))retry++;
        if(retry==0X1FFF)status=1;
        else
        {
            RCC->APB1ENR|=1<<28;
            PWR->CR|=3<<14;
            RCC->CFGR|=(0<<4)|(5<<10)|(4<<13);
            RCC->CR&=~(1<<24);
            RCC->PLLCFGR=pllm|(plln<<6)|((((pllp>>1)-1)<<16)|(pllq<<24)|(1<<22);
            RCC->CR|=1<<24;
            while((RCC->CR&(1<<25))==0);
            FLASH->ACR|=1<<8;
            FLASH->ACR|=1<<9;
            FLASH->ACR|=1<<10;
            FLASH->ACR|=5<<0;
            RCC->CFGR&=~(3<<0);
            RCC->CFGR|=2<<0;
            while((RCC->CFGR&(3<<2))!=(2<<2));
        }
        return status;
    }
    void Stm32_Clock_Init(u32 plln,u32 pllm,u32 pllp,u32 pllq)
    {
        RCC->CR|=0x00000001;
        RCC->CFGR=0x00000000;
        RCC->CR&=0xFEF6FFFF;
        RCC->PLLCFGR=0x24003010;
        RCC->CR&=~(1<<18);
        RCC->CIR=0x00000000;
        Sys_Clock_Set(plln,pllm,pllp,pllq);
    }
```

（9）sys.h

```
#ifndef _SYS_H_
#define _SYS_H_
    #include "stm32f407.h"
    void GPIO_Set(GPIO_TypeDef *GPIOx,u16 pin,u8 mode,u8 otype,u8 ospeed,u8 pupd);
    u8 Sys_Clock_Set(u32 plln,u32 pllm,u32 pllp,u32 pllq);
    void Stm32_Clock_Init(u32 plln,u32 pllm,u32 pllp,u32 pllq);
#endif
```

（10）stm32f407.h

```
#ifndef _STM32F407_H_
#define _STM32F407_H_


#define u8    unsigned char
```

```c
#define u16 unsigned short
#define u32 unsigned int
typedef struct
{
    volatile u32 CR;
    volatile u32 PLLCFGR;
    volatile u32 CFGR;
    volatile u32 CIR;
    volatile u32 AHB1RSTR;
    volatile u32 AHB2RSTR;
    volatile u32 AHB3RSTR;
    u32         RESERVED0;
    volatile u32 APB1RSTR;
    volatile u32 APB2RSTR;
    u32         RESERVED1[2];
    volatile u32 AHB1ENR;
    volatile u32 AHB2ENR;
    volatile u32 AHB3ENR;
    u32         RESERVED2;
    volatile u32 APB1ENR;
    volatile u32 APB2ENR;
    u32         RESERVED3[2];
    volatile u32 AHB1LPENR;
    volatile u32 AHB2LPENR;
    volatile u32 AHB3LPENR;
    u32         RESERVED4;
    volatile u32 APB1LPENR;
    volatile u32 APB2LPENR;
    u32         RESERVED5[2];
    volatile u32 BDCR;
    volatile u32 CSR;
    u32         RESERVED6[2];
    volatile u32 SSCGR;
    volatile u32 PLLI2SCFGR;
    volatile u32 PLLSAICFGR;
    volatile u32 DCKCFGR;
}RCC_TypeDef;        //定义 RCC 时钟控制模块结构体
typedef struct
{
    volatile u32 CR;
    volatile u32 CSR;
}PWR_TypeDef;
typedef struct
{
    volatile u32 ACR;
    volatile u32 KEYR;
```

```c
    volatile u32 OPTKEYR;
    volatile u32 SR;
    volatile u32 CR;
    volatile u32 OPTCR;
    volatile u32 OPTCR1;
}FLASH_TypeDef;
typedef struct
{
    volatile u32 MODER;
    volatile u32 OTYPER;
    volatile u32 OSPEEDR;
    volatile u32 PUPDR;
    volatile u32 IDR;
    volatile u32 ODR;
    volatile u16 BSRRL;     //分开时，用 u16
    volatile u16 BSRRH;
    volatile u32 LCKR;
    volatile u32 AFR[2];
}GPIO_TypeDef;
#define RCC  ((RCC_TypeDef*)0x40023800)
#define PWR ((PWR_TypeDef*)0x40007000)
#define FLASH ((FLASH_TypeDef*)0x40023c00)
#define GPIOA ((GPIO_TypeDef*)0x40020000)
#define GPIOE ((GPIO_TypeDef*)0x40021000)
#define GPIOF ((GPIO_TypeDef*)0x40021400)

#define ALIASADDR(bitbandaddr,bitn) (*(volatile unsigned int*)((bitbandaddr&0xf0000000)
                    +0x2000000+((bitbandaddr&0xfffff)<<5)+(bitn<<2)))
#define GPIOF_ODR      0x40021414
#define GPIOA_IDR      0x40020010
#define GPIOE_IDR      0x40021010

#define PFout(n)    ALIASADDR(GPIOF_ODR, n)
#define PAin(n)     ALIASADDR(GPIOA_IDR, n)
#define PEin(n)     ALIASADDR(GPIOE_IDR, n)

#endif
```

（11）core_cm4.h

```c
#ifndef _CORE_CM4_H_
#define _CORE_CM4_H_
    #include "stm32f407.h"
    typedef struct
    {
        volatile u32 CTRL;
        volatile u32 LOAD;
```

```
            volatile u32 VAL;
            volatile u32 CALIB;
        }SysTick_TypeDef;
        #define SysTick ((SysTick_TypeDef*)0xe000e010)
    #endif
```

（12）delay.c

```
    #include "core_cm4.h"
    #include "stm32f407.h"
    /*将任务 4-1 中的函数 void Delay_xms()和 void Delay_ms()复制过来*/
    //函数 void Delay_xms(u16 xms)
    //函数 void Delay_ms(u16 ms)
```

（13）delay.h

```
    #ifndef _DELAY_H_
    #define _DELAY_H_
        #include "stm32f407.h"
        void Delay_xms(u16 xms);
        void Delay_ms(u16 ms);
    #endif
```

注意，从任务 5-1 起，函数 Sys_Clock_Set()和 Stm32_Clock_Init()的内容有了变化，后续任务用到的这两个函数也跟着改变。

5.1　STM32 的 GPIO 端口的数据输入功能

扫一扫看
I/O 数据
输入功能

在介绍任务 1-1 的时候我们曾经学过，STM32 的 I/O 引脚有四个功能，分别是输入、输出、复用和模拟信号输入/输出端，其中，输出我们已经介绍过了，这一节我们来介绍它的输入功能，为后面利用该功能来识别按键的按下与弹起做好准备。

5.1.1　GPIO 端口位的数据输入通道

如图 5-2 所示，阴影部分为 STM32 的 GPIO 端口位的数据输入通道框图。由图可见，GPIO 端口的数据输入通道由一对保护二极管、受控制的上/下拉电阻、一个施密特触发器和输入数据寄存器 IDR 构成。此时，端口的输入数据被保存于输入数据寄存器 IDR 中，处理器去该寄存器某位读取其值即可得到对应的引脚的外部状态。

举例来说，假设 I/O 引脚为 PE2，当这个引脚为输入时，PE2 的状态就被置于 GPIOE_IDR 的 bit2 中，要读取 PE2 的状态，实际上就是读取 GPIOE->IDR 的 bit2 的值。如果 GPIOE->IDR 的 bit2 为 0，则说明 PE2 的状态是低电平；如果 bit2 为 1，则说明 PE2 是高电平。而读取 PE2 的状态可以采用下面的语句实现：

```
    u16 temp=0;
    temp = GPIOE->IDR &(1<<2);
```

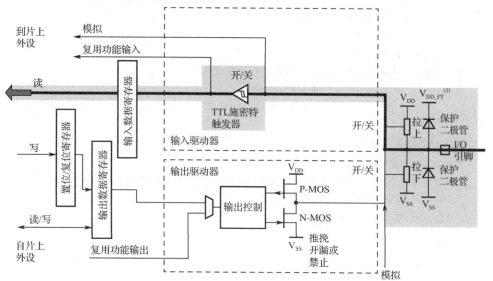

图 5-2　GPIO 端口位的数据输入通道框图

在读到的结果中，如果 temp 为 0，则 PE2 为低电平，否则为高电平。

注意，由于 STM32F407 的一组 I/O 端口有 16 个引脚，故每组 I/O 端口的输入数据寄存器有 16 位。

5.1.2　GPIO 端口位的输入配置及上/下拉电阻使能

与前面介绍的在使用 I/O 端口的输出功能时先设置 I/O 端口为输出一样，在使用 I/O 端口的输入功能时要先配置 I/O 端口为输入，然后再配置使用上拉电阻还是下拉电阻。接下来我们来讨论什么时候采用上拉电阻和什么时候采用下拉电阻。

以图 5-3 为例介绍上/下拉电阻如何使用。在图 5-3 中，虚线左边是处理器外部电路，虚线右边是处理器内部的上/下拉控制电路，当 K1 闭合时为上拉使能，当 K2 闭合时为下拉使能。

由图 5-3 可见，当 KEY0 被按下时，由于引脚与地端相连，所以 CPU 将会读到 0，但如果 KEY0 没有被按下，而 K1 和 K2 又不是闭合的话，CPU 既没有跟高电平连接又没有跟低电平连接，此时它读到的将是一个不确定的值，所以这种电路区分不出按键的被按下与弹起状态，所以不适合用于判断按键；但如果 K1 是闭合的，也就是上拉有效，这时 CPU 与 VCC 相连，读到的将是 VCC，即高电平 1，由于这种电路可以区别出按键被按下与弹起的状态，所以可以用于识别按键；反过来，如果闭合的不是 K1 而是 K2，也就是下拉有效，当 KEY0 弹起时，由于 CPU 与地端相连，所以读到的将是 0，这意味着无论 KEY0 被按下与否 CPU 读到的都是低电平 0，很明显这种情况不能用于判断按键状态；如果 K1 和 K2 都闭合，则 CPU 读到的是 R2 的分压值，该值不一定是高电平，所以这种情况也不适合用于判断按键状态。所以，在判断按键的闭合时，**如果按键一端接低电平，而外部电路又没有上拉电阻，此时应该使能对应位的上拉电阻，否则电路区分不出按键的被按下与弹起的状态。**与之相反，如果电路连接如图 **5-4** 所示，按键的一端接高电平，且外部没有上拉电阻，则此时应该使能内部下拉。

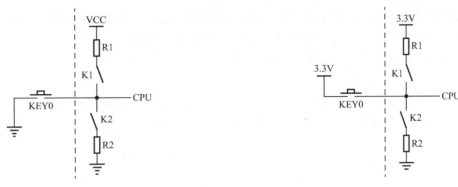

图 5-3　KEY0 接低电平图（虚线右边为处理器内部）　　　　图 5-4　KEY0 接高电平图

5.2　按键状态的判断

扫一扫看
按键状态
的判断

这一节我们来应用 STM32 的 GPIO 端口的输入功能来对机械按键的状态进行判断，先来看一下机械按键按下的特点。

假设按键电路如图 5-5（a）所示，按键一端接地，一端接处理器的 PE2 引脚，同时这一端接一个上拉电阻。当电路中的按键被按下时，PE2 端电信号变化过程如图 5-5（b）所示。由图 5-5（b）可见，按键没有被按下时，PE2 端通过上拉电阻与高电平相连，此时 PE2 端为高电平；当按键被按下时按键所在电路的电平先抖动然后趋于稳定，稳定时为低电平，弹起时也会有抖动然后才稳定。不同的机械键盘这两个抖动持续时间不同，一般为 5~20ms，而被按下后电平稳定时间一般为 600ms 左右，所以在识别按键被按下时一定要消除按下和弹起的这两个抖动，而且要防止重复判断。

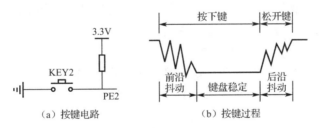

图 5-5　弹起时为高电平的按键事件过程

我们采用下面的方法来消除抖动和防止重复判断。首先，设置一个静态局部变量 key_flag 用来标志按下与弹起状态，当有按键被按下时它的值为 0，弹起时为 1；其次，通过 key_flag 和按键值一起对按键状态进行判断，以防止重复触发。当 key_flag 为 1 且按键值为 0 也就是按键刚才处于弹起现在处于被按下状态时，说明一次新的按键过程可能产生，此时先延时 10ms 消除按下抖动，然后再判断按键状态，如果仍然为 0，说明按键真的被按下了，此时置 key_flag 标志位为 0，同时返回按键值。这样的话，当键盘扫描函数 KEY_Scan() 再次被执行时，如果遇到 key_flag 为 0，此时如果按键值为 0，也就是按键刚才处于被按下状态现在也处于被按下状态，说明这不是一次新的按键被按下过程，所以不需要对按键被按下进行再次判断，从而有效避免了重复确认，使得一次按下只返回一次状态。最后，利用 key_flag 和按键值一起来判断弹起状态，在 key_flag 为 0 时，如果遇到按键值为 1，也就是按键刚才处于被按下状态现在处于弹起状态时，在延时 10ms 消除弹起抖动后，如果按键值仍然为 1，则认为弹起产生，置 key_flag 为 1，恢复弹起状态同时返回 0 说明按键弹起了。

　　基于此考虑，可得按键扫描函数 KEY_Scan() 的设计流程如下所示。

```
u8 KEY_Scan(void)
{    static u8 key_flag = 1;                  //key_flag 用于记录按键的状态
     if(有按键被按下而且刚刚按键处于弹起状态)    //判断按下状态
     {
          延时 10ms                           //消除按下抖动
          if(有按键被按下)
          {
               有，将标志位 key_flag 置 0；判断键值，并返回键值
          }
     }
     if(按键处于弹起状态而且刚刚是被按下状态)    //判断弹起
     {
          延时 10ms                           //消除弹起抖动
          if(按键是弹起状态)
          {
               key_flag 置 1                  //恢复到弹起状态
          }
     }
     return 0;                                //没有按键被按下而且也不是弹起，返回 0
}
```

在按键扫描函数中，我们通过 2 条 if 语句来对整个按键过程进行判断，其中，第 1 条 if 语句用于判断一次新的按键事件发生，第 2 条 if 语句用于判断一次按下的结束。有新的按键事件发生时返回按键值，没有新的按键事件发生时，返回值是 0。

　　关于函数 KEY_Scan() 的完整内容请参见任务 5-1 中的同名函数。

　　需要说明的是，虽然我们在介绍上述按键的状态识别函数时是基于图 5-3（a）的按键一端接地的电路进行讨论的，但它对接高电平的接法同样适用。

习　题　5

思考题

（1）对 4×4 矩阵键盘，试写出识别其中按键按下与弹起状态的完整程序。

（2）试在题（1）的基础上增加对组合键及连按的判断。

项目6 深入了解 STM32F407 的时钟系统

项目介绍		
实现任务	无	
知识 要点	软件方面	无
	硬件方面	了解 STM32 的时钟系统，尤其是各个分支的外接电路模块
使用的工具或软件	无	
建议学时	4	

6.1 STM32F4 的时钟系统简介

扫一扫看
时钟系统
介绍

如果学习过单片机的知识就会了解，微处理器的各部分电路必须在周期性时钟脉冲的驱动下协调工作。对于 51 单片机，这个周期性时钟脉冲一般由外部晶振电路提供，一旦晶振确定，其内部各电路的时钟也跟着确定下来不再变化了。如果要改变这些电路的时钟只能通过改变系统晶振达到。也就是说 51 单片机的时钟一般只有一个。

而对于 STM32，它内部模块繁多，这些不同的电路模块可能需要使用不同频率的时钟脉冲去驱动，尽管 STM32 的内部有很多分、倍频电路作用，但分、倍频的结果也不一定能够满足各个模块的需求，所以 STM32 的内部需要有多个时钟源。这些时钟源和众多的分、倍频电路一起构成了 STM32 的复杂的时钟系统。

6.2 STM32F4 的时钟系统

STM32F4 的时钟系统如图 6-1 所示。由图可见，STM32F4 的时钟源主要有四个，从上到下分别为：（1）内部低速时钟 LSI，频率为 32kHz，用来供独立看门狗和自动唤醒单元使用；（2）外部低速时钟 LSE，它需要外接频率为 32.768kHz 的石英晶体（外部电路如图 6-2 所示），主要作为 RTC 的时钟源；（3）内部高速时钟 HSI，频率为 16MHz，可以直接用作系统时钟 SYSCLK，也可以作为 PLL 的输入，优点是成本低，启动速度快，缺点是精度差；（4）外部高速时钟 HSE，一般采用 8MHz 的晶振来做 HSE 的时钟源，HSE 的晶振电路如图 6-3 所示。

在正常工作情况下，STM32 采用的是 HSE 也就是外部高速时钟作为系统时钟源，很显然，这个 8MHz 的频率太低了，连 51 单片机都不够用。所以，必须对它进行倍频再用，倍频电路有两个，一个是主 PLL，一个是专用 PLL。主 PLL 有两个不同的输出时钟：一个经 P 分频后变为 PLLCLK，PLLCLK 一般被用作系统时钟 SYSCLK，在 STM32407 中，这个系统时钟的频率最高为 168MHz；另一个经 Q 分频后变为 48MHz 的 PLL48CK，关于这个时钟我们不做进一步的介绍。

我们来重点介绍主 PLL。主 PLL 的时钟结构框图如图 6-4 所示。

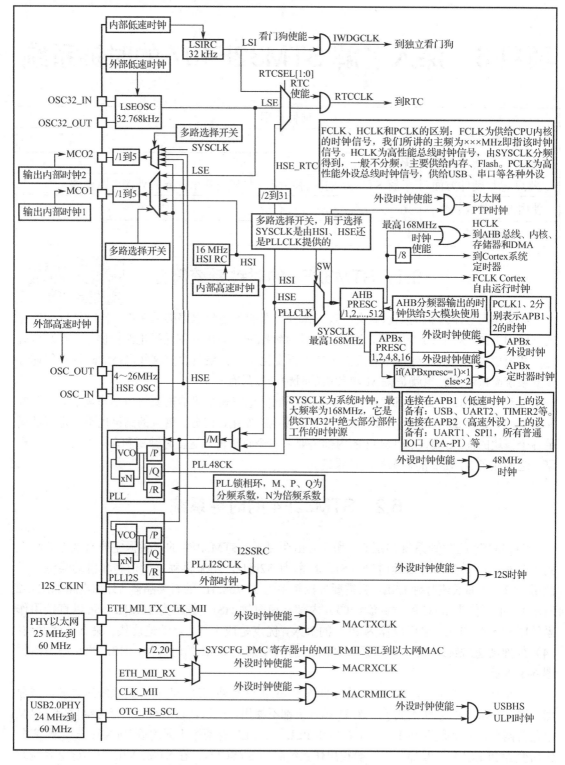

图 6-1　STM32F4 的时钟系统

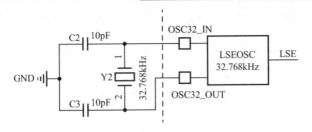

图 6-2　LSE 产生电路（虚线左边为外部晶振电路）

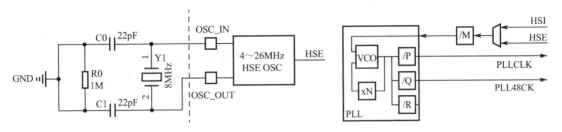

图 6-3　HSE 产生框图（虚线左边为外部晶振电路）　　　图 6-4　主 PLL 的时钟结构框图

在图 6-4 中，xN 表示 N 倍频，/M、/P 和/Q 代表 M、P 和 Q 分频。一般系统都是使用 HSE 作为时钟源的。此时 HSE 的频率、主 PLL 的输出频率和这些分、倍频系数之间存在着如公式（6-1）所示的关系：

$$f_{\text{SYSCLK}} = (f_{\text{HSE}}/M) \times N/P \tag{6-1}$$

所以，如果外部晶振的频率已经确定了，那么可以通过设置系数 M、N 和 P 来配置系统时钟频率，其中 M、N 和 P 可以有多种组合，只要满足相应的条件就可以了。在前面的任务中，我们采用函数 Stm32_Clock_Init(336,8,2,7)来对系统时钟进行初始化，函数参数中的 336 即为 N 的值，8、2、7 分别为 M、P、Q 的值，所以经过主 PLL 之后，得到的 PLLCLK 是 168MHz，PLL48CK 为 48MHz。

主 PLL 中的 M、N、P、Q 四个参数在时钟系统控制寄存器系统中的寄存器 RCC_PLLCFGR 中配置，RCC_PLLCFGR 的各位的位定义如图 6-5 所示。

31	30	29	28	27	26	25	24	23	22	21	20	19	18	17	16
		Reserved		PLLQ3	PLLQ2	PLLQ1	PLLQ0	Reserved	PLLSRC			Reserved		PLLP1	PLLP0
				rw	rw	rw	rw		rw					rw	rw

15	14	13	12	11	10	9	8	7	6	5	4	3	2	1	0
Reserved				PLLN						PLLM5	PLLM4	PLLM3	PLLM2	PLLM1	PLLM0
	rw	rw	rw	rw	rw	rw	rw	rw	rw	rw	rw	rw	rw	rw	rw

图 6-5　RCC_PLLCFGR 寄存器各位的位定义

由图可见，RCC_PLLCFGR 中的 bit0～bit5 位用于保存 M 值，bit6～bit14 位用于保存 N 值，bit16～bit17 位用于保存 P 值，bit24～bit25 位用于保存 Q 值。

在函数 Sys_Clock_Set()中有一条语句：

```
RCC_PLLCFGR = pllm|(plln<<6)|(((pllp>>1)-1)<<16)|(pllq<<24)|(1<<22);
```

即用来对 M、N、P 和 Q 的值进行设置。

最后，需要注意的是，HSE 时钟需要启动才能使用，HSE、HSI、主 PLL 的启动控制由寄存器中 RCC_CR 中的相关位控制。RCC_CR 寄存器的各位的位定义如图 6-6 所示。

31	30	29	28	27	26	25	24	23	22	21	20	19	18	17	16
	Reserved			PLLI2S RDY	PLLI2S ON	PLLR DY	PLLON		Reserved			CSS ON	HSE BYP	HSE RDY	HSE ON
				r	rw	r	rw					rw	rw	rw	rw

15	14	13	12	11	10	9	8	7	6	5	4	3	2	1	0
			HSICAL[7:0]						HSITRIM[4:0]				Res	HSIRDY	HSION
r	r	r	r	r	r	r	r	rw	rw	rw	rw	rw		r	rw

图 6-6　RCC_CR 寄存器各位的位定义

图 6-6 中，bit0 位为 STM32 内部高速时钟 HSI 使能位，为 1 时使能 HSI，为 0 时 HSI 关闭；bit1 位用于判断 HSI 是否已经就绪，为 1 说明已经就绪；bit16、bit17 位用于控制外部高速时钟 HSE；bit24、bit25 位用于控制主 PLL；bit26、bit27 位用于控制 PLLI2S，位的作用与对 HSI 控制相同。

系统设置函数中的语句：

RCC_CR |= 1<<16;	//HSE 开启
while(((RCC_CR&(1<<17))==0));	//等待 HSE 准备好

即用来启动 HSE。另外，还有语句：

RCC_CR |= 1<<24;	//打开主 PLL
while((RCC_CR & (1<<25))==0);	//等待主 PLL 准备好

即用来启动主 PLL。

6.3　STM32F4 的系统时钟和各模块时钟

6.3.1　系统时钟 SYSCLK

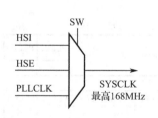

图 6-7　与 SYSCLK 相关的时钟

STM32 中绝大部分模块的时钟由系统时钟 SYSCLK 分频后的时钟提供。系统时钟可由主 PLL、HSI 或者 HSE 的输出提供（见图 6-7），具体到底由这三者中的哪一个提供由 RCC_CFGR 中的 bit[1:0] 位决定，当这两位=00 时选择 HSI 作为系统时钟；当这两位=01 时选择 HSE 作为系统时钟；当这两位=10 时选择主 PLL 作为系统时钟。在前面的任务中，函数 Sys_Clock_Set() 中有两条语句即用于选择主 PLL 的输出作为系统时钟源：

RCC->CFGR &= ~(3<<0);	//清 0
RCC->CFGR |= 2<<0;	//选择主 PLL 作为系统时钟

在这里顺便说一下，寄存器 RCC_CFGR 中的 bit[3:2] 为系统时钟切换状态位，如果切换到主 PLL，则当这两位值为 10 时，说明系统时钟切换到使用 PLLCLK 作为时钟源已经成功；如果切换到选择 HSE 作为系统时钟源，则当这两位值为 01 时，说明系统时钟切换到 HSE 已经完成；如果切换到选择 HSI 作为系统时钟，则当这两位值为 00 时，说明系统时钟切换到

HSI 已经完成。

> **注意**：bit[1:0]切换位和切换是否成功状态位位值一样。

所以在对系统时钟进行切换时一般都要判断这两位的值看看是否切换成功。

在函数 Sys_Clock_Set()中，在选择主 PLL 作为系统时钟之后使用了一条语句：

```
while((RCC->CFGR&(3<<2))!=(2<<2));   //等待主 PLL 作为系统时钟成功
```

其原因即在于此。

6.3.2　由 SYSCLK 模块提供时钟源的时钟

系统时钟经过 AHB 分频（分频值由 RCC_CFGR 中的 bit[7:4]位决定）后输出的时钟送给 5 大模块使用（见图 6-8），这些模块分别是：

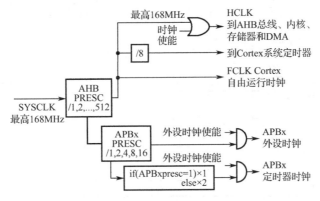

图 6-8　AHBx 的时钟结构

（1）送给 AHB 总线（Advanced High Performance Bus，高级高性能总线）、内核、内存和 DMA 使用的 HCLK 时钟，HCLK=168MHz。

（2）8 分频后送给 STM32 的系统定时器作为它的时钟源，即 SYSTICK 时钟。

（3）直接送给 Cortex 的自由运行时钟 FCLK（free running clock）。在这里顺便补充一下 FCLK 的作用，FCLK 是处理器的自由振荡的处理器时钟，用来采样中断和为调试模块计时。"自由"的意思是指它不是来自于 HCLK，因此在系统时钟停止时 FCLK 也继续运行。FCLK 和 HCLK 互相同步，故两者频率相同。FCLK=168MHz。

（4）送给 APB（Advanced Peripheral Bus，先进外围总线）低速预分频器（APB1 预分频器），APB1 预分频器的分频系数可选择 1、2、4、8、16 分频（由 RCC_CFGR 中的 bit[12:10] 决定），其输出的一路供 APB1 的外设使用（频率为 PCLK1，最大频率为 42MHz），另一路送给一部分定时器的倍频器使用。

（5）送给 APB 的高速预分频器（APB2 预分频器）。APB2 预分频器的分频系数可选择 1、2、4、8、16 分频（由 RCC_CFGR 中的 bit[15:13]决定），其输出的一路供 APB1 的外设使用（频率为 PCLK1，最大频率为 84MHz），另一路送给一部分定时器的倍频器使用。

具体哪些片内外设使用 AHB、APB1 和 APB2 可在《STM32 中文参考手册》中的第 2 章 "存储器和总线构架"中的表 2 中查阅得到（如图 6-9～图 6-11 所示），也可以通过 AHB、APB1 和 APB2 的相关寄存器查询得到。

边界地址	外设	总线	寄存器映射
0xA000 0000 - 0xA000 0FFF	FSMC 控制寄存器	AHB3	第 1241 页的第 32.6.9 节：FSMC 寄存器映射
0x5006 0800 - 0x5006 0BFF	RNG		第 549 页的第 21.4.4 节：RNG 寄存器映射
0x5006 0400 - 0x5006 07FF	HASH		第 569 页的第 22.4.9 节：散列寄存器映射
0x5006 0000 - 0x5006 03FF	CRYP	AHB2	第 543 页的第 20.6.13 节：CRYP 寄存器映射
0x5005 0000 - 0x5005 03FF	DCMI		第 327 页的第 13.8.12 节：DCMI 寄存器映射
0x5000 0000 - 0x5003 FFFF	USB OTG FS		第 1006 页的第 30.16.6 节：OTG_FS 寄存器映射
0x4004 0000 - 0x4007 FFFF	USB OTG HS		第 1130 页的第 31.12.6 节：OTG_HS 寄存器映射
0x4002 9000 - 0x4002 93FF			
0x4002 8C00 - 0x4002 8FFF			
0x4002 8800 - 0x4002 8BFF	以太网 MAC		第 924 页的第 29.8.5 节：以太网寄存器映射
0x4002 8400 - 0x4002 87FF			
0x4002 8000 - 0x4002 83FF			
0x4002 6400 - 0x4002 67FF	DMA2		第 229 页的第 9.5.11 节：DMA 寄存器映射
0x4002 6000 - 0x4002 63FF	DMA1		
0x4002 4000 - 0x4002 4FFF	BKPSRAM		
0x4002 3C00 - 0x4002 3FFF	Flash 接口寄存器		第 3.8 节：Flash 接口寄存器
0x4002 3800 - 0x4002 3BFF	RCC		第 171 页的第 6.3.32 节：RCC 寄存器映射
0x4002 3000 - 0x4002 33FF	CRC	AHB1	第 85 页的第 4.4.4 节：CRC 寄存器映射
0x4002 2000 - 0x4002 23FF	GPIOI		
0x4002 1C00 - 0x4002 1FFF	GPIOH		
0x4002 1800 - 0x4002 1BFF	GPIOG		
0x4002 1400 - 0x4002 17FF	GPIOF		
0x4002 1000 - 0x4002 13FF	GPIOE		第 192 页的第 7.4.11 节：GPIO 寄存器映射
0x4002 0C00 - 0x4002 0FFF	GPIOD		
0x4002 0800 - 0x4002 0BFF	GPIOC		
0x4002 0400 - 0x4002 07FF	GPIOB		
0x4002 0000 - 0x4002 03FF	GPIOA		

图 6-9 AHB 外接模块

边界地址	外设	总线	寄存器映射
0x4000 7C00 - 0x4000 7FFF	UART8	APB1	第 720 页的第 26.6.8 节：USART 寄存器映射
0x4000 7800 - 0x4000 7BFF	UART7		
0x4000 7400 - 0x4000 77FF	DAC		第 306 页的第 12.5.15 节：DAC 寄存器映射
0x4000 7000 - 0x4000 73FF	PWR		第 104 页的第 5.5 节：PWR 寄存器映射
0x4000 6800 - 0x4000 6BFF	CAN2		第 644 页的第 24.9.5 节：bxCAN 寄存器映射
0x4000 6400 - 0x4000 67FF	CAN1		
0x4000 5C00 - 0x4000 5FFF	I2C3		
0x4000 5800 - 0x4000 5BFF	I2C2		第 675 页的第 25.6.11 节：I2C 寄存器映射
0x4000 5400 - 0x4000 57FF	I2C1		
0x4000 5000 - 0x4000 53FF	UART5		
0x4000 4C00 - 0x4000 4FFF	UART4		第 720 页的第 26.6.8 节：USART 寄存器映射
0x4000 4800 - 0x4000 4BFF	USART3		
0x4000 4400 - 0x4000 47FF	USART2		
0x4000 4000 - 0x4000 43FF	I2S3ext		
0x4000 3C00 - 0x4000 3FFF	SPI3 / I2S3		第 769 页的第 27.5.10 节：SPI 寄存器映射
0x4000 3800 - 0x4000 3BFF	SPI2 / I2S2	APB1	
0x4000 3400 - 0x4000 37FF	I2S2ext		
0x4000 3000 - 0x4000 33FF	IWDG		第 498 页的第 18.4.5 节：IWDG 寄存器映射
0x4000 2C00 - 0x4000 2FFF	WWDG		第 504 页的第 19.6.4 节：WWDG 寄存器映射
0x4000 2800 - 0x4000 2BFF	RTC & BKP 寄存器		第 605 页的第 23.6.21 节：RTC 寄存器映射
0x4000 2000 - 0x4000 23FF	TIM14		第 481 页的第 16.6.11 节：TIM10/11/13/14 寄存器映射
0x4000 1C00 - 0x4000 1FFF	TIM13		
0x4000 1800 - 0x4000 1BFF	TIM12		第 472 页的第 16.5.14 节：TIM9/12 寄存器映射
0x4000 1400 - 0x4000 17FF	TIM7		第 493 页的第 17.4.9 节：TIM6 和 TIM7 寄存器映射
0x4000 1000 - 0x4000 13FF	TIM6		
0x4000 0C00 - 0x4000 0FFF	TIM5		
0x4000 0800 - 0x4000 0BFF	TIM4		
0x4000 0400 - 0x4000 07FF	TIM3		第 443 页的第 15.4.21 节：TIMx 寄存器映射
0x4000 0000 - 0x4000 03FF	TIM2		

图 6-10 APB1 外接模块

边界地址	外设	总线	寄存器映射
0x4001 5400 - 0x4001 57FF	SPI6	APB2	第 769 页的第 27.5.10 节：SPI 寄存器映射
0x4001 5000 - 0x4001 53FF	SPI5		
0x4002 0800 - 0x4002 0BFF	GPIOC		
0x4002 0400 - 0x4002 07FF	GPIOB		
0x4002 0000 - 0x4002 03FF	GPIOA		
0x4001 5400 - 0x4001 57FF	SPI6	APB2	第 769 页的第 27.5.10 节：SPI 寄存器映射
0x4001 5000 - 0x4001 53FF	SPI5		
0x4001 4800 - 0x4001 4BFF	TIM11		第 481 页的第 16.6.11 节：TIM10/11/13/14 寄存器映射
0x4001 4400 - 0x4001 47FF	TIM10		
0x4001 4000 - 0x4001 43FF	TIM9	APB2	第 472 页的第 16.5.14 节：TIM9/12 寄存器映射
0x4001 3C00 - 0x4001 3FFF	EXTI		第 247 页的第 10.3.7 节：EXTI 寄存器映射
0x4001 3800 - 0x4001 3BFF	SYSCFG		第 199 页的第 8.2.9 节：SYSCFG 寄存器映射
0x4001 3400 - 0x4001 37FF	SPI4	APB2	第 769 页的第 27.5.10 节：SPI 寄存器映射
0x4001 3000 - 0x4001 33FF	SPI1		第 769 页的第 27.5.10 节：SPI 寄存器映射
0x4001 2C00 - 0x4001 2FFF	SDIO		第 819 页的第 28.9.16 节：SDIO 寄存器映射
0x4001 2000 - 0x4001 23FF	ADC1 - ADC2 - ADC3		第 286 页的第 11.13.18 节：ADC 寄存器映射
0x4001 1400 - 0x4001 17FF	USART6	APB2	第 720 页的第 26.6.8 节：USART 寄存器映射
0x4001 1000 - 0x4001 13FF	USART1		
0x4001 0400 - 0x4001 07FF	TIM8		第 390 页的第 14.4.21 节：TIM1 和 TIM8 寄存器映射
0x4001 0000 - 0x4001 03FF	TIM1		

图 6-11　APB2 外接模块

在本书的实验中，我们在函数 Sys_Clock_Set()中使用语句：

RCC_CFGR |= (0<<4)|(5<<10)|(4<<13);//HCLK 不分频，APB1 4 分频，APB2 2 分频

对 AHB、APB1 和 APB2 的分频系数进行了设置，设置结果是 AHB 不分频，APB1 4 分频，APB2 2 分频，所以 AHB 的频率是 168MHz，APB1 的频率是 42MHz，APB2 的频率是 84MHz。

6.3.3　RCC 模块的相关寄存器及其作用

RCC 模块拥有多个寄存器，下面摘选一部分进行简单描述。

1. APB1ENR 寄存器

APB1ENR 寄存器用于对挂在其上的模块的时钟进行使能，其各位的位定义如图 6-12 所示。

31	30	29	28	27	26	25	24	23	22	21	20	19	18	17	16
Reserved		DAC EN	PWR EN	Reserved	CAN2 EN	CAN1 EN	Reserved	I2C3 EN	I2C2 EN	I2C1 EN	UART5 EN	UART4 EN	UART3 EN	UART2 EN	Reserved
		rw	rw		rw	rw		rw	rw	rw	rw	rw	rw	rw	

15	14	13	12	11	10	9	8	7	6	5	4	3	2	1	0
SPI3 EN	SPI2 EN	Reserved		WWDG EN	Reserved		TIM14 EN	TIM13 EN	TIM12 EN	TIM7 EN	TIM6 EN	TIM5 EN	TIM4 EN	TIM3 EN	TIM2 EN
rw	rw			rw			rw	rw	rw	rw	rw	rw	rw	rw	rw

图 6-12　RCC->APB1ENR 寄存器各位的位定义

图 6-12 中，当将其中的某位置 1 时对应模块的时钟使能，置 0 失能。

2. APB2ENR 寄存器

APB2ENR 的作用与 APB1ENR 类似，用于使能挂在 APB2 上的模块的时钟，其各位的位定义如图 6-13 所示。

31	30	29	28	27	26	25	24	23	22	21	20	19	18	17	16
Reserved													TIM11 EN	TIM10 EN	TIM9 EN
													rw	rw	rw

15	14	13	12	11	10	9	8	7	6	5	4	3	2	1	0
Reserved	SYSCFG EN	Reserved	SPI1 EN	SDIO EN	ADC3 EN	ADC2 EN	ADC1 EN	Reserved		USART6 EN	USART1 EN	Reserved		TIM8 EN	TIM1 EN
	rw		rw	rw	rw	rw	rw			rw	rw			rw	rw

图 6-13　RCC->APB2ENR 寄存器的各位定义

3. RCC 时钟配置寄存器 RCC_CFGR

RCC_CFGR 用于配置各模块的时钟源选择及分频，其各位定义如图 6-14 所示。

31	30	29	28	27	26	25	24	23	22	21	20	19	18	17	16
MCO2		MCO2 PRE[2:0]			MCO1 PRE[2:0]			I2SSCR	MCO1		RTCPRE[4:0]				
rw		rw	rw	rw	rw	rw	rw	rw	rw	rw	rw	rw	rw	rw	rw

15	14	13	12	11	10	9	8	7	6	5	4	3	2	1	0
PPRE2[2:0]			PPRE1[2:0]			Reserved				HPRE[3:0]				SWS1	SWS0	SW1	SW0
rw	rw	rw	rw	rw	rw			rw	rw	rw	rw	r	r	rw	rw

图 6-14　RCC_CFGR 的各位定义

图中，bit30～bit31 位为 MCO2[1:0]位，用于选择微控制器时钟输出 2 端的时钟源，具体如下：

00：选择系统时钟（SYSCLK）输出到 MCO2 引脚

01：选择 PLLI2S 时钟输出到 MCO2 引脚

10：选择 HSE 振荡器时钟输出到 MCO2 引脚

11：选择主 PLL 时钟输出到 MCO2 引脚

bit27～bit29 位为 MCO2 PRE 位，用于对 MCO2 输出的预分频，具体如下：

0××：无分频

100：2 分频

101：3 分频

110：4 分频

111：5 分频

其余各位的含义类似，大家可参看数据手册的描述。

需要注意的是，为各模块选择时钟源或者配置相应的预分频器时所进行的选择可能会造成干扰，所以强烈建议仅在复位后，在使能外部振荡器和主 PLL 之前进行选择。

> 　总线是嵌入式系统主机部件之间传送信息的公用通道，物理上对应一组组导线，CPU、内存、输入/输出、各种外设之间的比特信息都在这些总线上传输。STM32 微处理器的总线有两类，分别是 AHB 和 APB。AHB 是 Advanced High Performance Bus 的缩写，译作高级高性能总线，是一种系统总线。AHB 主要用于高性能模块（如 CPU、DMA 和 DSP 等）之间的连接。AHB 系统由主模块、从模块和基础结构（Infrastructure）3 部分组成，整个 AHB 总线上的传输都由主模块发出，由从模块负责回应。APB 是 Advanced Peripheral Bus 的缩写，这是一种外围总线。APB 主要用于低带宽的周边外设之间的连接，例如 USART、I/O、KEY、AD/DA 等，它不需要很高的时钟频率就可以工作，功耗也比较低。

习　题　6

1. 填空题

（1）STM32 的时钟系统中，HSE 代表＿＿＿＿＿＿＿＿＿＿，HSI 代表＿＿＿＿＿＿＿＿＿＿，LSE 代表＿＿＿＿＿＿＿＿＿＿＿，LSI 代表＿＿＿＿＿＿＿＿＿＿＿。

（2）从时钟系统上看，独立看门狗的时钟源只有一个，是＿＿＿＿＿＿＿＿＿＿＿。

（3）从时钟系统上看，RTC 实时时钟的时钟源有 3 个，分别是＿＿＿＿、＿＿＿＿＿和＿＿＿＿＿＿＿＿。

（4）假设 STM32 的主 PLL 的 M=18，N=336，P=2，则 PLLCLK 的频率是＿＿＿＿＿＿。

（5）RCC_CR 寄存器的作用是＿＿＿＿＿＿＿＿＿＿＿＿＿＿＿＿＿＿＿＿＿。

（6）RCC_PLLCFGR 寄存器的作用是＿＿＿＿＿＿＿＿＿＿＿＿＿＿＿＿＿＿。

2. 思考题

（1）试根据任务 5-1 中的系统时钟初始化函数 Stm32_Clock_Init() 写出 STM32 系统时钟的初始化流程。

（2）参考 STM32 的相关数据手册，试分别列出挂接在 AHB1、APB1 和 APB2 上的模块。

项目 7 认识 STM32 的串口结构

项目介绍		
实现任务		使用 STM32 的串口向 PC 端发送字符串
知识要点	软件方面	1. 熟悉 STM32 的串口相关寄存器的配置； 2. 掌握 STM32 串口初始化流程
	硬件方面	1. 了解串口通信协议； 2. 熟悉 STM32 的串口的结构； 3. 掌握 STM32 和 PC 之间的通信
使用的工具或软件		Keil for ARM、"探索者"开发板和下载器
建议学时		8

任务 7-1 使用 STM32 的串口向 PC 端发送字符串

1. 任务目标

按下 KEY0、KEY1 和 KEY2，STM32 向 PC 分别发送 "guangzhou" "foshan" "dongguan!"。其中，STM32 的串口使用 USART1。

2. 电路连接

参见任务 5-1。

3. 源程序设计

1）工程的组织结构

工程的组织结构如表 7-1 所示。

表 7-1 任务 7-1 的工程的组织结构

工程名	工程包含的文件夹及文件			
使用 STM32 的串口向 PC 端发送字符串	user	启动文件 startup_stm32f40_41xxx.s，main.c 及工程文件		
	obj	存放编译输出的目标文件和.hex 文件		
	hardware	key	key.c	定义按键识别相关函数
			key.h	对 key.c 中的函数进行声明
	system	delay	delay.c	定义使用滴答定时器延时的 ms 级的延时函数
			delay.h	对 delay.c 中定义的延时函数进行声明
		usart	usart.c	定义函数串口相关函数
			usart.h	对 usart.c 中的函数进行声明

工程名	工程包含的文件夹及文件			
使用STM32的串口向PC端发送字符串	system	sys	sys.c	定义系统控制相关函数
			sys.h	对 sys.c 中定义的函数进行声明
			stm32f407.h	将任务 7-1 中用到的片上外设的各模块的寄存器封装进结构体并定义各模块的入口指针
			core_cm4.h	将任务 7-1 中用到的内核的各模块的寄存器封装进结构体并定义各模块的入口指针

2）源程序

（1）main.c

```c
#include "stm32f407.h"
#include "sys.h"
#include "key.h"
#include "usart.h"
int main(void)
{
    u8 keyvalue=0;
    Stm32_Clock_Init(336,8,2,7);
    USART_Init(84,115200);      //USART 的时钟频率为 84MHz，波特率为 115200bps
    KEY_Init();
    while(1)
    {
        keyvalue = KEY_Scan();
        switch(keyvalue)
        {
            case 1: SendString("guangzhou\r\n"); break;    //KEY0 被按下
            case 2: SendString("foshan\r\n"); break;       //KEY1 被按下
            case 3: SendString("dongguan!\r\n"); break;    //KEY2 被按下
        }
    }
}
```

（2）key.c

```c
#include "delay.h"
#include "sys.h"
#include "key.h"
void KEY_Init(void)
{
    RCC->AHB1ENR |= 1<<4;                                //使能端口时钟，PE2、PE3、PE4
    GPIO_Set(GPIOE,((1<<2)|(1<<3)|(1<<4)),0,0,0,1); //配置 PE2、PE3、PE4 为输入
}
u8 KEY_Scan(void)
{
    static u8 keyflag = 1;                       //keyflag 用来表明按键状态，=1 弹起，=0 按下
    if((keyflag == 1)&&((KEY0==0)||(KEY1==0)||(KEY2==0)))
```

```
        {
                Delay_ms(10);
                if((KEY0==0)||(KEY1==0)||(KEY2==0))
                {
                        keyflag = 0;
                        if(KEY0 == 0) return 1;        //KEY0 被按下返回 1
                        if(KEY1 == 0) return 2;        //KEY1 被按下返回 2
                        if(KEY2 == 0) return 3;        //KEY2 被按下返回 3
                }
        }
        if((keyflag==0)&&((KEY0==1)&&(KEY1==1)&&(KEY2==1)))
        {
                Delay_ms(10);
                if((KEY0==1)&&(KEY1==1)&&(KEY2==1))
                {
                        keyflag = 1;
                }
        }
        return 0;
}
```

（3）key.h

```
#ifndef _KEY_H_
#define _KEY_H_
    #define KEY0    PEin(4)
    #define KEY1    PEin(3)
    #define KEY2    PEin(2)
    void KEY_Init(void);
    unsigned char KEY_Scan(void);
#endif
```

（4）usart.c

```
#include "stm32f407.h"
#include "sys.h"
void USART_Init(u32 fpclkx, u32 baudrate)
{
    float temp=0;
    u16 mantissa=0;
    u16 fraction=0;
    temp=(float)(fpclkx*1000000)/(baudrate*16);   //得到 USARTDIV@OVER8=0
    mantissa=temp;                                //得到整数部分
    fraction=(temp-mantissa)*16;                  //得到小数部分@OVER8=0
    mantissa<<=4;
    mantissa+=fraction;
    RCC->AHB1ENR|=1<<0;                           //使能 PORTA 口时钟
    RCC->APB2ENR|=1<<4;                           //使能串口 1 时钟
```

```
        GPIO_Set(GPIOA,(0X03<<9),2,0,2,1);      //PA9、PA10,复用功能,上拉输出
        GPIO_AF_Set(GPIOA,9,7);                 //将 PA9 复用为 AF7 功能
        GPIO_AF_Set(GPIOA,10,7);                //将 PA10 复用为 AF7 功能
        USART1->BRR=mantissa;                   //波特率设置
        USART1->CR1&=~(1<<15);                  //设置 OVER8=0
        USART1->CR1|=1<<3;                      //串口发送使能
        USART1->CR1|=1<<13;                     //串口使能
    }
    void PutChar(u8 ch)
    {
        USART1->SR &=~ (1<<6);          //先清除 TC 位,否则有可能出现第一个字符被覆盖的错误
        USART1->DR = ch;                        //将字符装入数据寄存器,启动发送
        while((USART1->SR&(1<<6))==0);          //等待发送结束
        USART1->SR &= ~(1<<6);                  //清除状态位
    }
    void SendString(u8 *p)
    {
        while(*p)
        {
            PutChar(*p);
            p++;
        }
    }
```

（5）usart.h

```
#ifndef _USART_H_
#define _USART_H_
    void USART_Init(unsigned int fpclkx, unsigned int baudrate);
    void PutChar(unsigned char ch);
    void SendString(unsigned char *p);
#endif
```

（6）delay.c

```
#include "core_cm4.h"
#include "stm32f407.h"
/*将任务 4-1 中的函数 void Delay_xms()和 void Delay_ms()复制过来*/
//函数 void Delay_xms(u16 xms)
//函数 void Delay_ms(u16 ms)
```

（7）delay.h

```
#ifndef _DELAY_H_
#define _DELAY_H_
    #include "stm32f407.h"
    void Delay_xms(u16 xms);
    void Delay_ms(u16 ms);
#endif
```

（8）sys.c

```
#include "stm32f407.h"
/*将任务 4-1 中的函数 void GPIO_Set ()复制过来*/
//补充 void GPIO_Set(GPIO_TypeDef *GPIOx,u16 pin,u8 mode,u8 otype,u8 ospeed,u8 pupd)函数

void GPIO_AF_Set(GPIO_TypeDef* GPIOx,u8 BITx,u8 AFx)
{
    GPIOx->AFR[BITx>>3]&=~(0X0F<<((BITx&0X07)*4));
    GPIOx->AFR[BITx>>3]|=(u32)AFx<<((BITx&0X07)*4);
}
/*将任务 5-1 中的函数 Sys_Clock_Set()和 Stm32_Clock_Init()复制过来*/
//函数 Sys_Clock_Set(u32 plln,u32 pllm,u32 pllp,u32 pllq)
//函数 Stm32_Clock_Init(u32 plln,u32 pllm,u32 pllp,u32 pllq)
```

（9）sys.h

```
#ifndef _SYS_H_
#define _SYS_H_
    #include "stm32f407.h"
    void GPIO_Set(GPIO_TypeDef *GPIOx,u16 pin,u8 mode,u8 otype,u8 ospeed,u8 pupd);
    void GPIO_AF_Set(GPIO_TypeDef* GPIOx,u8 BITx,u8 AFx);
    u8 Sys_Clock_Set(u32 plln,u32 pllm,u32 pllp,u32 pllq);
    void Stm32_Clock_Init(u32 plln,u32 pllm,u32 pllp,u32 pllq);
#endif
```

（10）stm32f407.h

```
/*在任务 5-1 的 stm32f407.h 基础上，在 GPIO_TypeDef 后添加以下语句*/
typedef struct
{
    volatile u16 SR;
    u16        RESERVED0;
    volatile u16 DR;
    u16        RESERVED1;
    volatile u16 BRR;
    u16        RESERVED2;
    volatile u16 CR1;
    u16        RESERVED3;
    volatile u16 CR2;
    u16        RESERVED4;
    volatile u16 CR3;
    u16        RESERVED5;
    volatile u16 GTPR;
    u16        RESERVED6;
}USART_TypeDef;
//在#define GPIOF ((GPIO_TypeDef*)0x40021400)后面添加
#define USART1 ((USART_TypeDef*)0x40011000)
```

（11）core_cm4.h

```
/*将任务 5-1 中的 core_cm4.h 复制过来*/
```

4. 结果

实验结果如图 7-1 所示。按下 KEY0，显示"guangzhou"；按下 KEY1，显示"foshan"；按下 KEY2，显示"dongguan!"。

注意，在使用串口软件收发数据时要注意设置好 PC 端的串口、波特率并将串口打开。

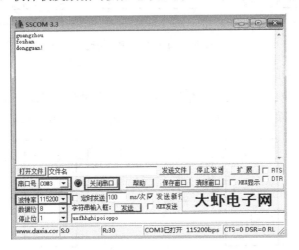

图 7-1　PC 端串口接收软件接收结果状态图

7.1　串口基础知识

扫一扫看
串口通信
基础

1. 概述

不管是在实际项目应用中，还是在开发过程中，串口通信都起着很重要的作用。在项目应用中我们常常使用 UART 串口进行通信，根据通信的距离及稳定性，选择添加 RS-232、RS-485 等对 UART 数据进行转换。而在开发过程中，我们常常用它来打印调试信息，以对程序的设计进行判断。所以熟练掌握使用串口进行通信非常重要。

2. 串口通信常用的电路连接

串行通信中通信双方的连线有三种情况，具体如下：

（1）两个单片机的串口直接相连

其连线如图 7-2 所示，这种连线为短距离连线。

在这种连线中一定要注意，一颗芯片的串口发送端一定要与另一颗芯片串口的接收端相连，不能发送端连发送端，后面两种连线也一样。

（2）单片机与 PC 相连

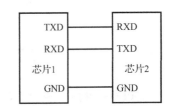

图 7-2　两个芯片的串口线路连接图

单片机和 PC 的连线如图 7-3 所示。在这种连线中，由于两者的信号电平不同，故需要用 MAX232 进行转换，任务 7-1 即采用该电路连接。

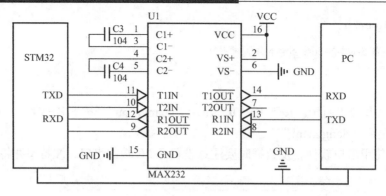

图 7-3　单片机和 PC 相连

（3）较远距离通信

此时单片机和单片机之间的连线如图 7-4 所示，这种连接方式一般用于较远距离通信。RS-485 接口的最大传输距离可达 3000m，最高传输速率可达 10Mbps，且抗干扰性好。

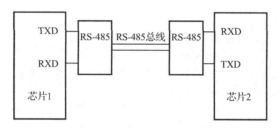

图 7-4　较远距离通信

3. 异步串行通信协议

串行通信有同步通信和异步通信，一般使用的是异步通信。**异步通信协议规定数据的传输以帧为单位而且通信双方的波特率要一致。一帧数据包含起始位、数据位、奇偶校验位和停止位，传输时低位在前高位在后，其中起始位为 0，停止位为 1，对于 STM32，数据位可以为 8 位或 9 位。**以传输字符"W"（01010111b）为例，数据的传输流程如图 7-5 所示。

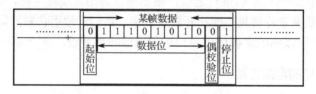

图 7-5　异步通信的一帧数据传输示例

扫一扫看
串口结构

7.2　STM32 的串口结构

下面以 USART1 为例来介绍 STM32 的串口结构，USART1 的内部结构框图如图 7-6 所示。

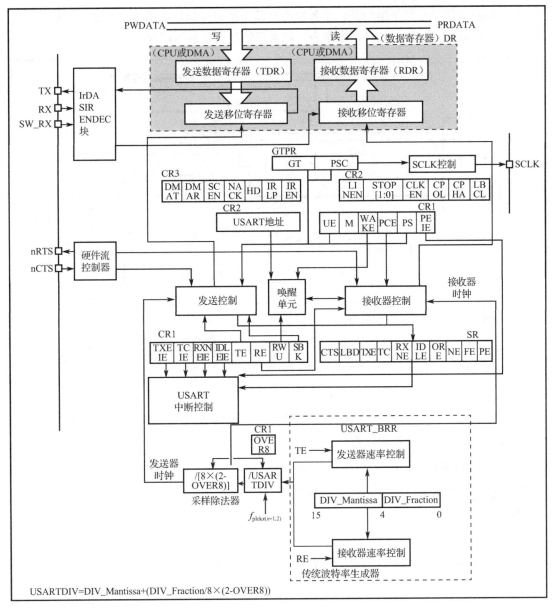

图 7-6　USART1 的内部结构框图

从上往下看，STM32 的串口主要由 3 部分组成，分别是数据存储转移部分、收发控制部分及波特率控制部分。

1. 数据存储转移部分

数据存储转移部分如图 7-7 中细线方框所示。

由图 7-7 可见，接收数据时，数据从 RX 引脚进入数据移位寄存器，然后再被并行送入接收数据寄存器供 CPU 或 DMA 模块读走；发送数据时，数据先被送到发送数据寄存器，再被并行送入发送移位寄存器，然后从 TX 引脚一个比特一个比特地送出去。在使用 USART 时，这部分需要操作的是数据寄存器，该寄存器的 0～8 位用于包含接收到的数据或发送的数据。数据寄存器有两个，分别为发送数据寄存器 TDR 和接收数据寄存器 RDR，两者共用一个地址，某个瞬间处理器到底使用的是哪个数据寄存器由读写控制指令给出，如果是读指令，则访问的是接收数据寄存器；如果是写指令，则访问的是发送数据寄存器。

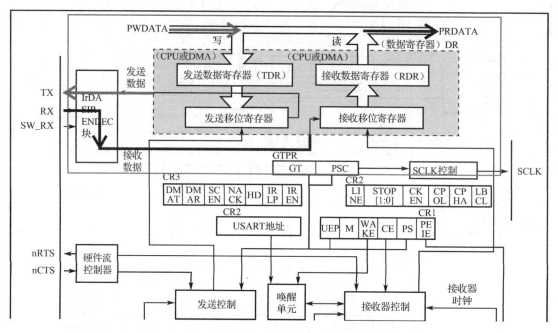

图 7-7　数据存储转移部分

如果要将某个字符发送出去，则只需将该字符写入数据寄存器即可。比如，使用 USART1 发送字符"a"，则只需采用如下的语句：

```
USARTx->DR = 'a';
```

发送控制系统即会将"a"通过 TX 发送出去。

而如果要接收数据，则在等待数据接收完之后，直接去数据寄存器里面将数据读走就可以了。例如，在数据接收完成之后，可以采用下面的语句：

```
temp = USART1->DR; //将 DR 中的数据读走并保存到 temp
```

将数据寄存器中的数据读走。

扫一扫看
收发控制
部分

2. 收发控制部分

串口的接收和发送是需要使能来启用的，而且数据发送完成或者接收完成之后要在串口的某些部分置标志位，以供处理器去读出来判断收发完成没有。除此之外，串口数据发送以帧为单位，一帧数据可以有多种构成方式。这些控制信息在哪里给出呢？就在收发控制部分给出。STM32 的收发控制部分如图 7-8 所示。

由图可见，收发控制部分主要由 5 个寄存器组成，分别是 CR1、CR2、CR3、SR 和 GTPR，CR3 和 GTPR 在本书中没有用到，所以不作介绍，读者可以自己查手册了解它们的作用。下面我们对其余 3 个寄存器的作用进行简单描述。

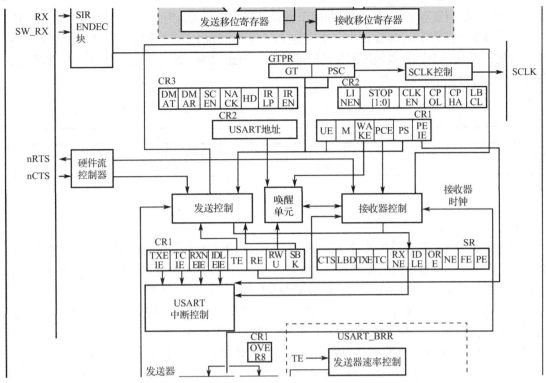

图 7-8　STM32 的收发控制部分

1）控制寄存器 1

图 7-9 为控制寄存器 CR1 的各位的位定义。由图可见，CR1 的高 16 位未使用，低 14 位用于串口的功能设置。其中，UE 为串口使能位，通过该位置 1，以使能串口；M 为字长选择位，当该位为 0 的时候设置数据帧中的数据位为 8 位；PCE 为校验使能位，设置为 0，则禁止校验，否则使能校验；PS 为校验位选择，设置 0 则为偶校验，否则为奇校验；TXEIE 为发送缓冲区空中断使能位，设置该位为 1，当 USART_SR 中的 TXE 位为 1 时，将产生串口中断；TCIE 为发送完成中断使能位，设置该位为 1，当 USART_SR 中的 TC 位为 1 时，将产生串口中断；RXNEIE 为接收缓冲区非空中断使能位，设置该位为 1，当 USART_SR 中的 ORE 或者 RXNE 位为 1 时，将产生串口中断；TE 为发送使能位，设置该位为 1，将开启串口的发送功能；RE 为接收使能位，用法同 TE；RWU 为接收唤醒位，该位用来决定是否把 USART 置于静默模式，软件对该位置位或者清 0，当唤醒序列到来时，硬件也会将其清 0；OVER8 为过采样位，为 0 采用 16 倍过采样，为 1 采用 8 倍过采样。

31	30	29	28	27	26	25	24	23	22	21	20	19	18	17	16
Reserved															
15	14	13	12	11	10	9	8	7	6	5	4	3	2	1	0
OVER8	Reserved	UE	M	WAKE	PCE	PS	PEIE	TXEIE	TCIE	RXEEIE	IDLEIE	TE	RE	RWU	SBK
rw	Res.	rw	rw	rw	rw	rw	rw	rw	rw	rw	rw	rw	rw	rw	rw

图 7-9　控制寄存器 CR1 各位的位定义

2）控制寄存器 2

控制寄存器 CR1 中的 M 位段给出了数据帧中数据位是多少，但它没有说明停止位有多少。停止位的数量在哪里设置呢？在 CR2 中。如图 7-10 所示为控制寄存器 CR2 的各位的位定义。图中，控制寄存器的位[13:12]即用于设置停止位的位数，为 00，停止位为 1 个；为 01，停止位为 0.5 个；为 10，停止位为 2 个；为 11，停止位为 1.5 个。停止位是 1 个，说明停止位的时间与发送一个比特数据所需要的时间一样；停止位为 1.5 个，说明停止位的时间与发送 1.5 个比特数据的时间一样。

31	30	29	28	27	26	25	24	23	22	21	20	19	18	17	16
Reserved															

15	14	13	12	11	10	9	8	7	6	5	4	3	2	1	0
Res.	LINEN	STOP[1:0]		CLKEN	CPOL	CPHA	LBCL	Res.	LBDIE	LBDL	Res.	ADD[3:0]			
	rw	rw	rw	rw	rw	rw	rw		rw	rw	rw	rw	rw	rw	rw

图 7-10　控制寄存器 CR2 各位的位定义

3）状态寄存器

状态寄存器 SR 的各位的位定义如图 7-11 所示。状态寄存器用于跟踪标志串口的状态。RXNE（读数据寄存器非空）位被置 1 的时候，提示已经有数据被接收到了，并且可以读出来了。这时候我们要做的就是尽快去读取 USART_DR。通过读 USART_DR 可以将该位清 0，也可以向该位写 0，直接清除。TC（发送完成）位被置位的时候，表示 USART_DR 内的数据已经被发送完成了。如果设置了这个位的中断，则会产生中断。可以直接向该位写 0 进行清 0。如果用 TC 位判断数据发送是否完成，则在发送数据之前先对该位清 0，否则有可能造成发送的第 1 个字符被覆盖而不能发送出去，读者可以将任务 7-1 中函数 PutChar() 定义中的第一条语句 "USART1->SR &=~ (1<<6);" 去掉，然后观察结果。

31	30	29	28	27	26	25	24	23	22	21	20	19	18	17	16
Reserved															

15	14	13	12	11	10	9	8	7	6	5	4	3	2	1	0
Reserved						CTS	LBD	TXE	TC	RXNE	IDLE	ORE	NE	FE	PE
						rc_w0	rc_w0	r	rc_w0	rc_w0	r	r	r	r	r

图 7-11　状态寄存器 SR 的各位的位定义

收发控制部分，用来控制数据的帧结构、获取收发的状态和控制收发使能等。

例 1：使用 USART1 发送字符 "a"，只发送不接收，试写出对应的程序段。

```
USART1->CR1 &= ~(1<<15);        //（1）配置过采样，采用 16 倍过采样
//（2）配置数据帧结构，采用默认值，1 个起始位，8 个数据位，n 个停止位
//（3）在 CR2 中配置停止位，采用默认值，1 个停止位
USART1->CR1 |= 1<<3;            //（4）发送使能
USART1->CR1 |= 1<<13;           //（5）使能串口
USART1->DR = 'a';              //（6）将数据装入 DR 中，启动发送
```

3. 波特率控制部分

扫一扫看波特率的配置

波特率的英文是 baudrate，用来指 1s 收发数据的位数。如果 1s 发送 2400 个比特，我们说波特率是 2400bps；如果 1s 发送 9600 个比特，我们说波特率是 9600bps。在串口通信中收发双方的波特率一定要一样，如果不同，比如一方 1s 发送 4800 个比特，而另一方 1s 只能接收 2400 个比特，那这时候就会出现通信错误。

所以，在串口通信中设置通信双方的波特率相等非常重要，STM32 的波特率设置部分如图 7-12 所示。

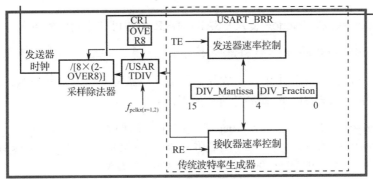

USARTDIV=DIV_Mantissa+(DIV_Fraction/8×(2-OVER8))

图 7-12　STM32 波特率设置部分

由图可见，波特率设置部分由波特率配置寄存器 USART_BRR 和采样除法器等构成。而波特率（在数值上与发送器时钟频率相等）的计算公式为：

$$波特率 = 发送器时钟频率 = f_{pclkx(x=1,2)}/USARTDIV/[8×(2-OVER8)] \qquad (1)$$

式（1）中，OVER8 在寄存器 CR1 中配置，USARTDIV 为 f_{pclkx} 的分频值，由下式给出：

$$USARTDIV = DIV\_Mantissa+(DIV\_Fraction/(8×(2-OVER8))) \qquad (2)$$

由式（1）可见，要配置特定的波特率实际上就是配置 USART_BRR 的值，USART_BRR 寄存器各位的位定义如图 7-13 所示。

31	30	29	28	27	26	25	24	23	22	21	20	19	18	17	16
Reserved															
15	14	13	12	11	10	9	8	7	6	5	4	3	2	1	0
DIV_Mantissa[11:0]												DIV_Fraction[3:0]			
rw	rw	rw	rw	rw	rw	rw	rw	rw	rw	rw	rw	rw	rw	rw	rw

图 7-13　波特率寄存器各位的位定义

由图 7-13 可见，USART_BRR 分为两部分，分别是低 4 位的小数部分和高 12 位的整数部分。由于 STM32 采用了小数波特率，所以 STM32 的串口波特率设置范围很宽，而且误差很小。

下面我们来看看如何配置 USART_BRR 的值。

首先，根据串口的时钟频率 f_{pclkx} 和已知的波特率及 CR1 寄存器中 OVER8 的值计算出 f_{pclkx} 的分频系数 USARTDIV。USARTDIV 的计算公式如式（3）所示。

$$USARTDIV = f_{pclkx(x=1,2)}/波特率/[8×(2-OVER8)] \qquad (3)$$

由式（3）可见，要计算 USARTDIV，第一步是要查出串口所使用的外设总线的频率 f_{pclkx}。第二步是设置 OVER8 的值。对于 STM32F407ZGT6，USART2～5 的时钟由 f_{pclk1} 提供，USART1、USART6 由 f_{pclk2} 提供，在本书的所有任务中如无特殊说明，这两个值配置的结果都是 f_{pclk1} 为 42MHz，f_{pclk2} 为 84MHz。

对于我们所举的例子中用到的 USART1，f_{pclkx} =84MHz，OVER8 采用默认值 0，假设通信双方使用的波特率为 115200bps，则有

$$USARTDIV = 84MHz/115200bps/[8×(2-0)] = 45.5729$$

其次，利用 USARTDIV 分别计算出 USART_BRR 的整数部分 Mantissa 和小数部分

Fraction。USARTDIV 和 USART_BRR 的整数部分和小数部分的关系由式（2）给出。

对于我们所使用的例子，整数部分 Mantissa=45，小数部分 Fraction=0.5729×8×2≈9.116，使用中取 9。

最后，将 Mantissa 和 Fraction 装入 USART_BRR 中即可完成对波特率的配置。

```
USART_BRR = (Mantissa << 4) + Fraction;
```

需要说明的是，在实际应用中，一般我们都是使用波特率作为函数参数，然后去配置相应的 USART_BRR 寄存器的。配置参考流程如下：

```
float temp=0;                       //temp 用于保存 USARTDIV，为浮点型数据
u16 mantissa=0，fraction=0;         //两个占用 16 位的存储空间，故定义为 unsigned short 类型
temp=(float)(pclk2*1000000)/(bound*16);    //获得带小数的 temp
mantissa=temp;                      //由于 mantissa 为整型，所以会将 temp 的整数部分截给 mantissa
fraction=(temp-mantissa)*16;        //获得十六进制数的小数部分
mantissa<<=4;
mantissa+=fraction;
USART1->BRR=mantissa;
```

注意，如果 USART 被禁止接收（TE=0）和禁止发送（RE=0），则波特率计数器会停止计数。

7.3 引脚复用

扫一扫看
引脚复用

在控制 LED 点亮的任务中我们曾经讲到过，STM32 的通用 I/O 端口有输入、输出、复用和做 AD/DA 时做模拟信号的输入/输出引脚的作用，输入/输出我们已经学习过了，这一节我们来介绍它的复用功能。STM32 的 GPIO 端口做复用时，其端口位的数据传输通道如图 7-14 所示。

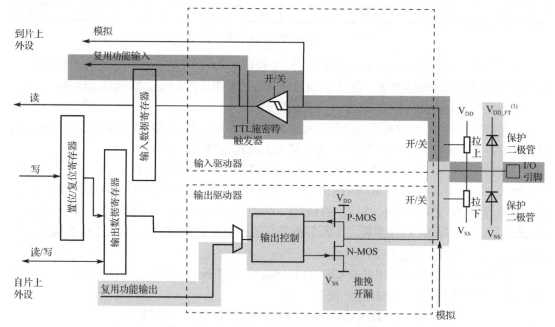

图 7-14　GPIO 端口做复用时的数据传输通道

由图 7-14 可见，复用有两种情况，一种是做输出，一种是做输入，做输出时数据传输通道如图中浅色区域所示，做输入时如图中深色区域所示。对于串口来说，某个引脚做发送数据引脚的话，应该将这个引脚配置成复用输出引脚；做输入数据引脚的话，应该将这个引脚配置成复用输入引脚。

STM32 的每个串口都需要两个 I/O 引脚复用为它的发送与接收引脚，但是 STM32 中不是每个引脚都能配置成任意串口的任意功能引脚的，哪些引脚可以配置成哪些串口的哪些功能是有规定的。以 STM32F407 为例，它的各个串口与 GPIO 端口的复用情况如表 7-2 所示。

表 7-2　STM32 的同步/异步串口与 I/O 端口的复用

LQFP144（管脚序号）	管脚名称（复位后的功能）	复 用 功 能
34	PA0	UART4_TX
35	PA1	UART4_RX
36	PA2	USART2_TX
37	PA3	USART2_RX
69	PB10	USART3_TX
70	PB11	USART3_RX
77	PD8	USART3_TX
78	PD9	USART3_RX
96	PC6	USART6_TX
97	PC7	USART6_RX
101	PA9	USART1_TX
102	PA10	USART1_RX
111	PC10	UART4_TX/USART3_TX
112	PC11	UART4_RX/USART3_RX
113	PC12	UART5_TX
116	PD2	UART5_RX
119	PD5	USART2_TX
122	PD6	USART2_RX

由表 7-2 可以看到，串口 5（UART5）的接收引脚只能由 PD2 复用得到，而串口 2（USART2）的发送引脚 TX 则可以由 PD5 和 PA2 复用得到，这意味着串口的发送引脚可以由多个引脚复用而来，这在 PCB 布线中非常有用。

在这里顺便说明一下，仔细研究 STM32 的数据手册中的串口结构，我们会发现它的串口有 UART 和 USART 两类。UART 全称为 universal asynchronous receiver and transmitter，即通用异步收发器，信号引脚只有 TX 和 RX。USART 全称为 universal synchronous asynchronous receiver and transmitter，即通用同步异步收发器，信号引脚有 TX、RX、CK。USART 支持同步模式，因此 USART 需要同步时钟信号 USART_CK，不过一般同步信号很少使用，因此在一般情况下 UART 和 USART 使用方式一样，都使用异步模式。

下面我们来讨论一个问题，就是如果在使用 USART1 进行串口通信时，要设置两个引脚，一个为发送引脚一个为接收引脚，该如何做呢？下面我们就来介绍一下解决这个问题的步骤。

首先，通过查询 STM32 的引脚功能得知 USART1 的 TX 可使用 PA9 或 PB6，RX 可使用

PA10 或 PB7 复用得到。假设现在我们采用 PA9 做 TX，PA10 做 RX。目标引脚确定后，我们在 GPIOA->MODER 寄存器中配置 PA9 和 PA10 为复用功能。但是，要注意，STM32 的通用 I/O 端口的每个引脚通常可以复用为多个功能，以 PA9 和 PA10 为例，它们可以复用的功能如图 7-15 所示。

PA9	I/O	FT	—	USART1_TX/TIM1_CH2/ I2C3_SMBA/DCMI_D0/ EVENTOUT
PA10	I/O	FT	—	USART1_RX/TIM1_CH3/ OTG_FS_ID/DCMI_D1/ EVENTOUT

扫一扫看
引脚复用
的应用

图 7-15　PA9 和 PA10 可以复用的功能

由图 7-15 可见，PA9 除了可以复用为 USART1 的发送引脚，还可以复用为定时器 TIM1 的通道 2、I2C3_SMBA 等功能，PA10 类似。所以，接下来我们还要说明这些引脚具体复用为哪个功能。这么多的复用功能 STM32 是如何区分的呢？我们来看图 7-16。

如图 7-16 所示是 STM32 引脚的复用功能框图。由图可见，STM32 为每个引脚设置了 16 种复用功能，分别是 AF0～AF15，这些复用功能具体对应于哪些模块的功能在其旁边括号内给出。比如，AF2 功能对应作为 TIM3/4/5 的功能引脚；AF7 作为 USART1/2/3 的功能引脚，以此类推。所以要想将 PA9 和 PA10 复用为 USART1 功能，还需要将 PA9 和 PA10 复用为 AF7 功能。

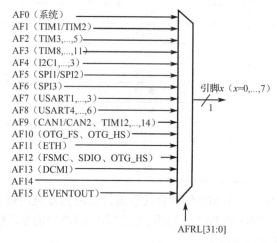

图 7-16　STM32 引脚复用功能框图

那接下来，就是配置复用功能寄存器，将 PA9 和 PA10 复用为 AF7 功能。复用功能寄存器有两个，一个是 AFRL（GPIO alternate function low register），一个是 AFRH（GPIO alternate function high register）。AFRL 寄存器的各位的位定义如图 7-17 所示。

31	30	29	28	27	26	25	24	23	22	21	20	19	18	17	16
AFRL7[3:0]				AFRL6[3:0]				AFRL5[3:0]				AFRL4[3:0]			
rw	rw	rw	rw	rw	rw	rw	rw	rw	rw	rw	rw	rw	rw	rw	rw
15	14	13	12	11	10	9	8	7	6	5	4	3	2	1	0
AFRL3[3:0]				AFRL2[3:0]				AFRL1[3:0]				AFRL0[3:0]			
rw	rw	rw	rw	rw	rw	rw	rw	rw	rw	rw	rw	rw	rw	rw	rw

图 7-17　AFRL 中各位的位定义

由图 7-17 可见，AFRL 的每 4 位决定一个 I/O 端口位的功能，所以 AFRL 可以配置 8 个 I/O 端口位（也就是 8 个引脚）的功能。由于一组端口有 16 个端口位，需要总共 64bit 来配置所有 I/O 端口的复用功能。所以要实现对一组端口的复用功能进行配置需要两个 32 位的寄存器来完成，STM32 使用的这两个寄存器分别为 AFRL 和 AFRH。其中 AFRL 配置一组端口的低 8 位，AFRH 配置一组端口的高 8 位。以 AFRL[3:0]为例，=0000 时，配置为 AF0 功能，=0001 时，配置为 AF1 功能，以此类推。

由此我们知道，要使 PA9 和 PA10 复用为串口功能，则需要将 AFRH 中的 bit[7:4]配置成 0111（将第 9 引脚配置成 AF7 功能）和 bit[11:8]配置为 0111（将第 10 引脚配置成 AF7 功能）。

整个复用功能的配置可用函数 GPIO_AF_Set()完成，具体如下：

```
void GPIO_AF_Set(GPIO_TypeDef* GPIOx,u8 BITx,u8 AFx)
{
    if(BITx<8)                          //如果待配置的引脚为第 0～7 引脚
    {
        GPIOx->AFRL &= ~(0xf<<(4*BITx)) ;   //清除对应位
        GPIOx->AFRL |= (AFx<<(4*BITx));      //设置对应位
    }else                               //待配置的引脚为第 8～15 引脚
    {
        GPIOx->AFRH &= ~(0xf<<(4*(BITx-8))) ;   //清除对应位
        GPIOx->AFRH |= (AFx<<(4*(BITx-8)));      //设置对应位
    }
}
```

在前面的任务中，在定义 GPIO 寄存器的相关数据结构时将 AFRL 和 AFRH 整合成了数组 AFR（AFR[0]对应 AFRL，AFR[1]对应 AFRH），考虑到 BITx/8 可以用 BITx>>3 代替，BITx%8 可以用 BITx&0x07 代替，故可以将函数 GPIO_AF_Set()改写成以下内容：

```
void GPIO_AF_Set(GPIO_TypeDef* GPIOx,u8 BITx,u8 AFx)
{
    GPIOx->AFR[BITx>>3]&=~(0X0F<<((BITx&0X07)*4));
    GPIOx->AFR[BITx>>3]|=(u32)AFx<<((BITx&0X07)*4);
}
```

7.4　端口初始化函数的重新组织

在学习了复用功能之后，这一节我们来对前面任务中的端口初始化函数进行重新组织。迄今为止，我们总共学过 I/O 端口的 3 个作用：一是输出，这时候要配置的寄存器有输出电路驱动方式配置寄存器 OTYPE 和输出响应速度寄存器 OSPEED，另外由于开漏输出要配置上拉有效，所以上拉寄存器也需要配置；二是输入，此时上下拉电阻要根据具体的情况进行设置；三是复用，复用有复用输入和复用输出，所以输出驱动方式、输出响应速度以及上下拉电阻也要根据需要进行设置。基于这些考虑，端口初始化函数 GPIO_Set()重新组织如下：

```
void GPIO_Set(端口入口,引脚信息,模式,输出响应速度类型,配置响应速度,上下拉电阻使能)
{
    设置相关变量
```

遍历 BITx，找出要配置的寄存器，配置引脚模式，如果是输出或者复用还要配置 OTYPE 和
OSPEED，然后配置上下拉电阻
}

细化结果如下：

```
void GPIO_Set(GPIO_TypeDef* GPIOx,u16 BITx,u32 MODE,u32 OTYPE,u32 OSPEED,u32 PUPD)
{
    u32 pinpos=0;   //设置相关变量
    for(pinpos=0;pinpos<16;pinpos++) //遍历 BITx
    {
        if((1<<pinpos)&BITx)   //为真
        {
            配置引脚工作模式
            if((引脚模式==输出)||(引脚模式==复用))
            {
                配置 OTYPE 寄存器和 OSPEED 寄存器
            }
            配置上下拉电阻
        }
    }
}
```

最终整个函数的实现如下所示：

```
void GPIO_Set(GPIO_TypeDef* GPIOx,u32 BITx,u32 MODE,u32 OTYPE,u32 OSPEED,u32 PUPD)
{
    u32 pinpos=0,pos=0,curpin=0;
    for(pinpos=0;pinpos<16;pinpos++)
    {
        pos=1<<pinpos;                              //一个个位地检查
        curpin=BITx&pos;                            //检查引脚是否要设置
        if(curpin==pos)                             //需要设置
        {
            GPIOx->MODER&=~(3<<(pinpos*2));          //先清除原来的设置
            GPIOx->MODER|=MODE<<(pinpos*2);          //设置新的模式
            if((MODE==0X01)||(MODE==0X02))          //如果是输出模式/复用功能模式
            {
                GPIOx->OSPEEDR&=~(3<<(pinpos*2));    //清除原来的设置
                GPIOx->OSPEEDR|=(OSPEED<<(pinpos*2)); //设置新的速度值
                GPIOx->OTYPER&=~(1<<pinpos) ;       //清除原来的设置
                GPIOx->OTYPER|=OTYPE<<pinpos;        //设置新的输出模式
            }
            GPIOx->PUPDR&=~(3<<(pinpos*2));          //先清除原来的设置
            GPIOx->PUPDR|=PUPD<<(pinpos*2);          //设置新的上下拉电阻
        }
    }
}
```

习 题 7

1. 填空题

（1）串口的数据传输以帧为单位，一帧数据包括_____。

（2）如果要使用 USART1 发送字符 "b"，可采用语句_____
实现。

（3）USART 的数据收发波特率的计算公式为_____。

（4）复用功能 AF0～AF15 中，_____为复用为 USART2 功能，_____为复用为 TIM1
功能。

（5）查阅相关数据手册，可以发现引脚_____可以作为 USART2 的发送端 TX 引脚。

2. 思考题

（1）试写出使用 USART 收发收据时的初始化流程。

（2）STM32 的串口中，USART 和 UART 各有几个，它们有什么区别？

项目 8　STM32F407 的中断管理

项目介绍		
实现任务		熟练掌握 STM32 的外部中断
知识要点	软件方面	1. 掌握 STM32 中断函数的格式，特别是中断函数的取名； 2. 掌握 STM32 中断的初始化流程
	硬件方面	1. 熟悉 STM32 的中断系统； 2. 熟悉内核对中断的管理； 3. 掌握 STM32 的外部中断
使用的工具或软件		Keil for ARM、"探索者"开发板和下载器
建议学时		10

任务 8-1　使用 STM32 的外部中断

1. 任务目标

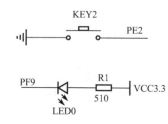

图 8-1　按键、LED0 与
STM32F4 连接原理图

使用 KEY2 控制 LED0，按下 KEY2，LED0 的状态反转，使用 STM32 的外部中断实现该功能。

2. 电路连接

按键、LED0 与 STM32F4 连接原理图如图 8-1 所示。

3. 源程序设计

1）工程的组织结构

工程的组织结构如表 8-1 所示。

表 8-1　任务 8-1 工程的组织结构

工程名	工程包含的文件夹及其中的文件			
使用 STM32 的外部中断	user	启动文件 startup_stm32f40_41xxx.s，main.c 及工程文件		
	obj	存放编译输出的目标文件和.hex 文件		
	hardware	led	led.c	定义函数 LED_Init()
			led.h	对 led.c 中的函数进行声明
		exti	exti.c	定义外部中断初始化函数 EXTIx_Init() 和外部中断服务函数 void EXTIx_IRQHandler(void)
			exti.h	对 exti.c 中的函数进行声明
		key	key.c	定义按键初始化函数 KEY_Init()
			key.h	对 key.c 中的函数进行声明

续表

工程名	工程包含的文件夹及其中的文件			
使用 STM32 的外部 中断	system	delay	delay.c	定义使用滴答定时器的 ms 级的延时函数
			delay.h	声明 delay.c 中的延时函数
		sys	sys.c	定义系统时钟初始化函数 Stm32_Clock_Init()、系统时钟配置函数 Sys_Clock_Set()、GPIO 端口功能设置函数；GPIO_Set()、NVIC 分组设置函数；MY_NVIC_PriorityGroupConfig()、外部中断配置函数；EXTI_Config()、NVIC 初始化设置函数 MY_NVIC_Init()
			sys.h	为 sys.c 中定义的函数进行声明
			stm32f407.h	为类型定义别名及将本任务用到的片上外设各模块的寄存器封装进相应的结构体
			core_cm4.h	将本任务用到的内核的各模块的寄存器封装进结构体

2）源程序

（1）main.c

```c
#include "sys.h"
#include "led.h"
#include "exti.h"
int main(void)
{
    Stm32_Clock_Init(336,8,2,7);          //系统时钟初始化
    LED_Init();                           //LED 灯初始化
    EXTIx_Init();
    while(1);
}
```

（2）led.c

```c
#include "stm32f407.h"
#include "led.h"
#include "sys.h"
void LED_Init(void)
{
    RCC->AHB1ENR |= 1<<5;                  //使能 GPIOF 的时钟
    GPIO_Set(GPIOF,(1<<9)|(1<<10),1,0,1,1);
    LED0 = 1;
    LED1 = 1;
}
```

（3）led.h

```c
#ifndef _LED_H_
#define _LED_H_
    #include "stm32f407.h"
    #define LED0 PFout(9)
    #define LED1 PFout(10)
    void LED_Init(void);
#endif
```

（4）exti.c

```
#include "delay.h"
#include "sys.h"
#include "led.h"
#include "key.h"
void EXTIx_Init(void)                //外部中断初始化函数
{
    KEY_Init();
/*参数1只能是"A"~"G"，必须大写，参数2为外部中断下标，参数3（0=上升沿触发，1=下降沿触发）*/
    EXTI_Config('E',2,1);
    MY_NVIC_Init(2,2,8,2);           //抢占2，子优先级2，8为EXTI2的中断号，组2
}
//外部中断2服务程序
void EXTI2_IRQHandler(void)
{
    Delay_ms(10);                    //消抖
    if(KEY2==0)
    {
        LED0=~LED0;
    }
    EXTI->PR=1<<2;                    //清除LINE2上的中断标志位
}
```

（5）exti.h

```
#ifndef _EXTI_H_
#define _EXTI_H_
void EXTIx_Init(void);
#endif
```

（6）key.c

```
#include "sys.h"
void KEY_Init(void)
{
    RCC->AHB1ENR |= (1<<4);            //使能PE口的时钟
    GPIO_Set(GPIOE,(1<<2),0,0,0,1);   //PE2输入上拉
}
```

（7）key.h

```
#ifndef _KEY_H_
#define _KEY_H_
    #define KEY2 PEin(2)
    void KEY_Init(void);
#endif
```

（8）delay.c 和 delay.h

参见任务 5-1。

（9）sys.c

```c
#include "stm32f407.h"
#include "core_cm4.h"
/*将任务 4-1 中的函数 void GPIO_Set ()复制过来*/
//补充 void GPIO_Set(GPIO_TypeDef *GPIOx,u16 pin,u8 mode,u8 otype,u8 ospeed,u8 pupd)函数

/*将任务 5-1 中的函数 Sys_Clock_Set()和 Stm32_Clock_Init()复制过来*/
//函数 Sys_Clock_Set(u32 plln,u32 pllm,u32 pllp,u32 pllq)
//函数 Stm32_Clock_Init(u32 plln,u32 pllm,u32 pllp,u32 pllq)
/*MY_NVIC_PriorityGroupConfig()函数的作用是将 STM32 的优先级组别转换为内核的优先级组
别*/

void MY_NVIC_PriorityGroupConfig(u8 stm32group)
{
    u32 temp;
    temp=SCB->AIRCR;          //读取先前的设置
    temp&=0X0000F8FF;         //清空先前分组
    temp|=(0X05FA<<16)|((7-stm32group)<<8); //写入钥匙和优先级分组
    SCB->AIRCR=temp;          //设置分组
}
/*EXTI_Config()函数的作用是设置外部中断 EXTIx 的中断信号输入线、配置 EXTIx 的中断
是采用上升沿触发还是下降沿触发（0=上升沿触发，1=下降沿触发）、中断允许*/
void EXTI_Config(u8 GPIO_ch,u8 extix,u8 trigger)
{
    u8 EXTOFFSET=(extix%4)*4;
    RCC->APB2ENR|=1<<14;                        //使能 SYSCFG 时钟
    SYSCFG->EXTICR[extix/4]&=~(0x000F<<EXTOFFSET);   //清除原来设置
    SYSCFG->EXTICR[extix/4]|=(GPIO_ch-'A')<<EXTOFFSET;   //EXTI、BITx 映射到 GPIOx、BITx
    //自动设置
    EXTI->IMR|=1<<extix;      //开启 LINE BITx 上的中断（如果要禁止中断，则反操作即可）
    if(trigger==0) EXTI->RTSR|=1<<extix;      //LINE BITx 上事件上升沿触发
    else EXTI->FTSR|=1<<extix;                //LINE BITx 上事件下降沿触发
}
void MY_NVIC_Init(u8 PreemptionPriority,u8 SubPriority,u8 Channel,u8 Group)
{
    u32 temp;
    MY_NVIC_PriorityGroupConfig(Group);            //设置分组
    temp=PreemptionPriority<<(4-Group);
    temp|=SubPriority&(0x0f>>Group);
    temp&=0xf;                                      //取低 4 位
    NVIC->ISER[Channel/32]|=1<<(Channel%32);        //使能中断位
    NVIC->IP[Channel]|=temp<<4;                     //设置响应优先级和抢断优先级
}
```

（10）sys.h

```
#ifndef _SYS_H_
#define _SYS_H_
    #include "stm32f407.h"
    void GPIO_Set(GPIO_TypeDef *GPIOx,u16 pin,u8 mode,u8 otype,u8 ospeed,u8 pupd);
    u8 Sys_Clock_Set(u32 plln,u32 pllm,u32 pllp,u32 pllq);
    void Stm32_Clock_Init(u32 plln,u32 pllm,u32 pllp,u32 pllq);
    void MY_NVIC_PriorityGroupConfig(u8 stm32group);
    void EXTI_Config(u8 GPIO_ch,u8 extix,u8 trigger);
    void MY_NVIC_Init(u8 PreemptionPriority,u8 SubPriority,u8 Channel,u8 Group);
#endif
```

（11）stm32f407.h

```
#ifndef _STM32F407_H_
#define _STM32F407_H_
#define u8   unsigned char
#define u16 unsigned short
#define u32 unsigned int
/*在任务 7-1 的基础上，在 USART_TypeDef 后添加以下语句*/
typedef struct
{
  volatile u32 MEMRMP;
  volatile u32 PMC;
  volatile u32 EXTICR[4];
  u32         RESERVED[2];
  volatile u32 CMPCR;
} SYSCFG_TypeDef;
typedef struct
{
  volatile u32 IMR;
  volatile u32 EMR;
  volatile u32 RTSR;
  volatile u32 FTSR;
  volatile u32 SWIER;
  volatile u32 PR;
} EXTI_TypeDef;
#define RCC ((RCC_TypeDef*)0x40023800)
#define PWR ((PWR_TypeDef*)0x40007000)
#define FLASH ((FLASH_TypeDef*)0x40023c00)
#define GPIOA ((GPIO_TypeDef*)0x40020000)
#define GPIOE ((GPIO_TypeDef*)0x40021000)
#define GPIOF ((GPIO_TypeDef*)0x40021400)
#define SYSCFG ((SYSCFG_TypeDef *)0x40013800)
#define EXTI ((EXTI_TypeDef *)0x40013C00)

#define ALIASADDR(bitbandaddr,bitn) (*(volatile unsigned int*)((bitbandaddr&0xf0000000) \
```

```
                    +0x2000000+((bitbandaddr&0xfffff)<<5)+(bitn<<2)))

#define GPIOF_ODR      0x40021414
#define GPIOA_IDR      0x40020010
#define GPIOE_IDR      0x40021010

#define PFout(n)   ALIASADDR(GPIOF_ODR, n)
#define PAin(n)    ALIASADDR(GPIOA_IDR, n)
#define PEin(n)    ALIASADDR(GPIOE_IDR, n)
#endif
```

（12）core_cm4.h

```
#ifndef _CORE_CM4_H_
#define _CORE_CM4_H_
#include "stm32f407.h"
/*将任务 7-1 中的 SysTick_TypeDef 的定义复制过来*/
typedef struct
{
    volatile u32 CPUID;
    volatile u32 ICSR;
    volatile u32 VTOR;
    volatile u32 AIRCR;
    volatile u32 SCR;
    volatile u32 CCR;
    volatile u8   SHP[12];
    volatile u32 SHCSR;
    volatile u32 CFSR;
    volatile u32 HFSR;
    volatile u32 DFSR;
    volatile u32 MMFAR;
    volatile u32 BFAR;
    volatile u32 AFSR;
    volatile u32 PFR[2];
    volatile u32 DFR;
    volatile u32 ADR;
    volatile u32 MMFR[4];
    volatile u32 ISAR[5];
    u32 RESERVED0[5];
    volatile u32 CPACR;
} SCB_Type;
typedef struct
{
    volatile u32 ISER[8];
    u32 RESERVED0[24];
    volatile u32 ICER[8];
    u32 RSERVED1[24];
```

```
        volatile u32 ISPR[8];
        u32 RESERVED2[24];
        volatile u32 ICPR[8];
        u32 RESERVED3[24];
        volatile u32 IABR[8];
        u32 RESERVED4[56];
        volatile u8   IP[240];
        u32 RESERVED5[644];
        volatile   u32 STIR;
    }NVIC_Type;
        #define SysTick ((SysTick_TypeDef*)0xe000e010)
        #define SCB       ((SCB_Type      *)0xE000ED00)
        #define NVIC      ((NVIC_Type      *)0xE000E100)
    #endif
```

扫一扫看
中断源和
中断使能

8.1　内嵌中断向量控制器 NVIC 对中断的控制

在计算机世界中，中断的意思是指 CPU 在处理程序 1 的过程中，突然来了一个请求，这个请求希望 CPU 马上去执行另一段程序（假设为程序 2），CPU 响应请求后暂时停止运行当前的程序 1，转而去执行程序 2，执行完程序 2 后，再转回来继续执行程序 1 中剩下的部分的过程。其具体过程可用如图 8-2 所示的示意图来描述。

由图 8-2 和中断的描述可以看到，中断涉及几个基本的概念，第一个是中断源，也就是中断的来源；第二个是中断的使能，只有使能了对应的中断，当该中断产生时才能响应中断；第三个是如果有多个中断同时到来，这时系统先去处理哪个中断呢？这就涉及中断的优先级问题了；第四个是中断服务程序，它里面放置了中断到来时要执行的动作。下面我们就对这几个方面分别进行讨论。

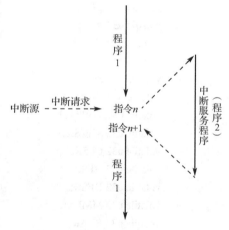

图 8-2　计算机的中断过程示意图

8.1.1　STM32 的中断源

STM32F407 是在 Cortex-M4 内核的基础上设计的，Cortex-M4 内核支持 256 个中断，其中包含 16 个内核中断和 240 个外部中断，并且具有可编程的 256 级中断优先级的设置。STM32 的中断控制的核心——内嵌中断向量控制器 NVIC（Nested Vectored Interrupt Controller）即位于内核 Cortex-M4 中。STM32F407 采用 Cortex-M4 内核，但并没有使用 Cortex-M4 内核全部的东西，包括中断。STM32F407 支持的中断仅有 92 个，包括 10 个内核中断和 82 个可屏蔽中断，支持的优先级也仅为 16 级。虽然如此，STM32F407 的中断系统也远比 51 单片机强大，51 单片机只有 5 个中断：2 个外部中断，2 个定时/计数器中断和 1 个串口中断，优先级也只有 2 级。STM32 的中断可以满足实际中的绝大部分应用。

STM32F407 支持的 92 个中断如表 8-2 所示。其中，有 10 个是内核中断，其他的 82 个是可屏蔽中断。内核中断不能被打断，不能设置优先级（即优先级是凌驾于外部中断之上的）。常见的内核中断有以下几种：复位（Reset）、不可屏蔽中断（NMI）、硬错误（HardFault）等。从优先级的 7 开始，后面所有的中断都是可屏蔽中断，这部分是我们必须掌握的知识，包括线中断、定时器中断、IIC、SPI 等所有外设的中断，可以设置优先级。

表 8-2　STM32F407 支持的中断向量表

位置	优先级	优先级类型	名　称	说　明	地　址
—	—	—	—	保留	0x0000 0000
	−3		Reset	复位	0x0000 0004
	−2	固定	NMI	不可屏蔽中断。RCC 时钟安全系统（CSS）连接到 NMI 向量	0x0000 0008
	−1	固定	HardFault	硬错误	0x0000 000C
	0	可设置	MemManage	存储器管理	0x0000 0010
	1	可设置	BusFault	预取指失败，存储器访问失败	0x0000 0014
	2	可设置	UsageFault	未定义的指令或非法状态	0x0000 0018
—	—	—	—	保留	0x0000 001C 0x0000 002B
	3	可设置	SVCall	通过 SWI 指令调用的系统服务	0x0000 002C
	4	可设置	Debug Monitor	调试监控器	0x0000 0030
—	—	—	—	保留	0x0000 0034
	5	可设置	PendSV	可挂起的系统服务	0x0000 0038
	6	可设置	SysTick	系统嘀嗒定时器	0x0000 003C
0	7	可设置	WWDG	窗口看门狗中断	0x0000 0040
1	8	可设置	PVD	连接到 EXTI 线的可编程电压检测（PVD）中断	0x0000 0044
2	9	可设置	TAMP_STAMP	连接到 EXTI 线的入侵和时间戳中断	0x0000 0048
3	10	可设置	RTC_WKUP	连接到 EXTI 线的 RTC 唤醒中断	0x0000 004C
4	11	可设置	FLASH	Flash 全局中断	0x0000 0050
5	12	可设置	RCC	RCC 全局中断	0x0000 0054
6	13	可设置	EXTI0	EXTI 线 0 中断	0x0000 0058
7	14	可设置	EXTI1	EXTI 线 1 中断	0x0000 005C
8	15	可设置	EXTI2	EXTI 线 2 中断	0x0000 0060
9	16	可设置	EXTI3	EXTI 线 3 中断	0x0000 0064
10	17	可设置	EXTI4	EXTI 线 4 中断	0x0000 0068
11	18	可设置	DMA1_Stream0	DMA1 流 0 全局中断	0x0000 006C
12	19	可设置	DMA1_Stream1	DMA1 流 1 全局中断	0x0000 0070
13	20	可设置	DMA1_Stream2	DMA1 流 2 全局中断	0x0000 0074
14	21	可设置	DMA1_Stream3	DMA1 流 3 全局中断	0x0000 0078
15	22	可设置	DMA1_Stream4	DMA1 流 4 全局中断	0x0000 007C
16	23	可设置	DMA1_Stream5	DMA1 流 5 全局中断	0x0000 0080
17	24	可设置	DMA1_Stream6	DMA1 流 6 全局中断	0x0000 0084
18	25	可设置	ADC	ADC1、ADC2 和 ADC3 全局中断	0x0000 0088
19	26	可设置	CAN1_TX	CAN1 TX 中断	0x0000 008C

位置	优先级	优先级类型	名　　称	说　　　　明	地　　址
20	27	可设置	CAN1_RX0	CAN1 RX0 中断	0x0000 0090
21	28	可设置	CAN1_RX1	CAN1 RX1 中断	0x0000 0094
22	29	可设置	CAN1_SCE	CAN1 SCE 中断	0x0000 0098
23	30	可设置	EXTI9_5	EXTI 线 [9:5] 中断	0x0000 009C
24	31	可设置	TIM1_BRK_TIM9	TIM1 刹车中断和 TIM9 全局中断	0x0000 00A0
25	32	可设置	TIM1_UP_TIM10	TIM1 更新中断和 TIM10 全局中断	0x0000 00A4
26	33	可设置	TIM1_TRG_COM_TIM11	TIM1 触发和换相中断与 TIM11 全局中断	0x0000 00A8
27	34	可设置	TIM1_CC	TIM1 捕获/比较中断	0x0000 00AC
28	35	可设置	TIM2	TIM2 全局中断	0x0000 00B0
29	36	可设置	TIM3	TIM3 全局中断	0x0000 00B4
30	37	可设置	TIM4	TIM4 全局中断	0x0000 00B8
31	38	可设置	I2C1_EV	I2C1 事件中断	0x0000 00BC
32	39	可设置	I2C1_ER	I2C1 错误中断	0x0000 00C0
33	40	可设置	I2C2_EV	I2C2 事件中断	0x0000 00C4
34	41	可设置	I2C2_ER	I2C2 错误中断	0x0000 00C8
35	42	可设置	SPI1	SPI1 全局中断	0x0000 00CC
36	43	可设置	SPI2	SPI2 全局中断	0x0000 00D0
37	44	可设置	USART1	USART1 全局中断	0x0000 00D4
38	45	可设置	USART2	USART2 全局中断	0x0000 00D8
39	46	可设置	USART3	USART3 全局中断	0x0000 00DC
40	47	可设置	EXTI15_10	EXTI 线 [15:10] 中断	0x0000 00E0
41	48	可设置	RTC_Alarm	连接到 EXTI 线的 RTC 闹钟（A 和 B）中断	0x0000 00E4
42	49	可设置	OTG_FS WKUP	连接到 EXTI 线的 USB On The Go FS 唤醒中断	0x0000 00E8
43	50	可设置	TIM8_BRK_TIM12	TIM8 刹车中断和 TIM12 全局中断	0x0000 00EC
44	51	可设置	TIM8_UP_TIM13	TIM8 更新中断和 TIM13 全局中断	0x0000 00F0
45	52	可设置	TIM8_TRG_COM_TIM14	TIM8 触发和换相中断与 TIM14 全局中断	0x0000 00F4
46	53	可设置	TIM8_CC	TIM8 捕获/比较中断	0x0000 00F8
47	54	可设置	DMA1_Stream7	DMA1 流 7 全局中断	0x0000 00FC
48	55	可设置	FSMC	FSMC 全局中断	0x0000 0100
49	56	可设置	SDIO	SDIO 全局中断	0x0000 0104
50	57	可设置	TIM5	TIM5 全局中断	0x0000 0108
51	58	可设置	SPI3	SPI3 全局中断	0x0000 010C
52	59	可设置	UART4	UART4 全局中断	0x0000 0110
53	60	可设置	UART5	UART5 全局中断	0x0000 0114
54	61	可设置	TIM6_DAC	TIM6 全局中断，DAC1 和 DAC2 下溢错误中断	0x0000 0118
55	62	可设置	TIM7	TIM7 全局中断	0x0000 011C

位置	优先级	优先级类型	名　　称	说　　明	地　　址
56	63	可设置	DMA2_Stream0	DMA2 流 0 全局中断	0x0000 0120
57	64	可设置	DMA2_Stream1	DMA2 流 1 全局中断	0x0000 0124
58	65	可设置	DMA2_Stream2	DMA2 流 2 全局中断	0x0000 0128
59	66	可设置	DMA2_Stream3	DMA2 流 3 全局中断	0x0000 012C
60	67	可设置	DMA2_Stream4	DMA2 流 4 全局中断	0x0000 0130
61	68	可设置	ETH	以太网全局中断	0x0000 0134
62	69	可设置	ETH_WKUP	连接到 EXTI 线的以太网唤醒中断	0x0000 0138
63	70	可设置	CAN2_TX	CAN2 TX 中断	0x0000 013C
64	71	可设置	CAN2_RX0	CAN2 RX0 中断	0x0000 0140
65	72	可设置	CAN2_RX1	CAN2 RX1 中断	0x0000 0144
66	73	可设置	CAN2_SCE	CAN2 SCE 中断	0x0000 0148
67	74	可设置	OTG_FS	USB On The Go FS 全局中断	0x0000 014C
68	75	可设置	DMA2_Stream5	DMA2 流 5 全局中断	0x0000 0150
69	76	可设置	DMA2_Stream6	DMA2 流 6 全局中断	0x0000 0154
70	77	可设置	DMA2_Stream7	DMA2 流 7 全局中断	0x0000 0158
71	78	可设置	USART6	USART6 全局中断	0x0000 015C
72	79	可设置	I2C3_EV	I2C3 事件中断	0x0000 0160
73	80	可设置	I2C3_ER	I2C3 错误中断	0x0000 0164
74	81	可设置	OTG_HS_EP1_OUT	USB On The Go HS 端点 1 输出全局中断	0x0000 0168
75	82	可设置	OTG_HS_EP1_IN	USB On The Go HS 端点 1 输入全局中断	0x0000 016C
76	83	可设置	OTG_HS_WKUP	连接到 EXTI 线的 USB On The Go HS 唤醒中断	0x0000 0170
77	84	可设置	OTG_HS	USB On The Go HS 全局中断	0x0000 0174
78	85	可设置	DCMI	DCMI 全局中断	0x0000 0178
79	86	可设置	CRYP	CRYP 加密全局中断	0x0000 017C
80	87	可设置	HASH_RNG	哈希和随机数发生器全局中断	0x0000 0180
81	88	可设置	FPU	FPU 全局中断	0x0000 0184

8.1.2 STM32 的中断使能控制

STM32 的所有中断和事件由内嵌中断向量控制器来管理。这些管理包括中断的使能和失能、中断的优先级配置等。由于 NVIC 是属于内核的东西，所以 ST 的参考手册上对它的描述较少，但它又是十分重要的东西，要了解它就要看 ARM 的《Cortex-M4 Devices Generic User Guide》。

NVIC 的中断使能由寄存器组 ISER 控制，ISER 全称是 Interrupt Set Enable Registers，即中断使能寄存器，有 ISER0～ISER7 共 8 个，每个 32 位。中断使能寄存器 ISER 的每一个位控制一个中断，所以每一个中断使能寄存器可以控制 32 个中断。不过，由于 STM32F407 的可屏蔽中断只有 82 个，所以对我们来说，实际用到的 ISER 只有 3 个（ISER[0]～ISER[2]）。其中，ISER[0]的 bit0～bit31 位分别控制中断 0～31 的使能，ISER[1]的 bit0～bit31 位控制中断 32～63 的使能，ISER[2]控制中断 64～81 的使能（这里的 0～81 是表 8-2 中的位置排序）。要使能某个中断必须设置相应的 ISER 位为 1（这里仅仅是使能，还要配合中断分组、屏蔽、I/O 端口映射等才算是一个完整的中断设置）。

以外部中断 0（EXTI0，可屏蔽中断中位置序号为 6，其中断使能控制位位于 ISER[0]中）为例，如果要使能它的中断，可采用如下的方式：

> ISER[0] |= 1<<6;

如果要使能 TIM5 的全局中断，可以采用如下方法实现：

先查表得知 TIM5 的中断号为 50，其使能控制位为 ISER[1]中的 bit18 位，则使能 TIM5 中断的语句为：

> ISER[1] |= 1<<18;

一般来说，为了增强程序的通用性，对于位置序号为 x 的可屏蔽中断，如果要使能它的中断，可采用如下的方式来进行：

> ISER[x/32] |= 1<<(x%32);

或

> ISER[x>>5] |= 1<<(x&0x1f);

读者可自行验证一下。后续寄存器使用时采用类似的方式实现，在此不再详述。

中断的失能由 ICER 来控制。ICER 的全称是 Interrupt Clear Enable Registers，是一个中断除能寄存器，也有 8 个，但 STM32 中只用了 ICER0～ICER2。它的作用刚好与 ISER 相反，专门用来清除某个中断的使能，即失能对应的中断。

要想失能某个中断，应该往 ICER 的对应的位写入 1 而不是写入 0，原因在于 NVIC 的这些寄存器都是写 1 有效，写 0 无效的。

8.1.3 STM32 的中断优先级

扫一扫看
中断优先
级

1. STM32 的优先级分组

STM32 的每一个可屏蔽中断的优先级都有两种，一种是抢占式优先级，另一种是响应优先级（响应优先级又称子优先级或次优先级）。

关于这两个优先级，它们的关系是：

（1）高抢占式优先级的中断可以打断低抢占式优先级的中断服务，构成中断嵌套。

（2）当 2（n）个相同抢占式优先级的中断出现时，它们之间不能构成中断嵌套，但 STM32 首先响应子优先级高的中断。

（3）当 2（n）个相同抢占式优先级和相同子优先级的中断出现时，STM32 首先响应中断通道所对应的中断向量地址低的那个中断。

Cortex-M4 的每一个可屏蔽中断的中断优先级在 IPR——中断优先级寄存器中设置，一共占 8 位。由于 Cortex-M4 的可屏蔽中断有 240 个，所以 Cortex-M4 一共需要 240×8bit/32bit=60 个 IPR 寄存器，分别是 IPR0～IPR59。不过，为了方便处理，编程时一般将这 60 个字的 IPR 寄存器改成拥有 240 个元素的字节数组 IP，这样 IP 的每一个元素恰好用于配置每一个可屏蔽中断的优先级。不过，由于 STM32F407 只用到了 Cortex-M4 的 82 个可屏蔽中断，故数组 IP

也只用了其中的元素 IP[0]～IP[81]。

另外，STM32F407 也并没有用到 IP 数组元素中的全部 8bit 来配置中断优先级，而是只使用了其中的高 4 位。在这高 4 位中，抢占式优先级和响应优先级的位分配由 STM32 的优先级组别决定，具体如表 8-3 所示。

表 8-3　IP[n]中高 4 位优先级的位配置

STM32 优先级组别	高 4 位分配	bit7	bit6	bit5	bit4
0	0:4	响应	响应	响应	响应
1	1:3	抢占	响应	响应	响应
2	2:2	抢占	抢占	响应	响应
3	3:1	抢占	抢占	抢占	响应
4	4:0	抢占	抢占	抢占	抢占

由表 8-3 可见，STM32 将中断的优先级分为 5 组，即组 0～4。组别为 0 时，IP[n]的高 4 位中抢占式优先级占 0 位，响应优先级占 4 位，即没有抢占式优先级，此时响应优先级有 2^4=16 级，值越小，优先级越高。而当 STM32 的优先级组别为 1 时，IP[n]的高 4 位中的最高 1 位代表抢占式优先级，其余 3 位代表子优先级，此时抢占式优先级有 2 级，子优先级有 7 级。其余组别情况类似，不再赘述。

STM32 的组别号实际上是高 4 位中抢占式优先级所占的位数。

注意，每一个中断源都必须定义 2 个优先级：抢占式优先级和子优先级，且指定的优先级不能越界，如果抢占式优先级或子优先级的设置超出了选定的优先级分组所限定的范围，有可能得到意想不到的结果。

例 1：设置并使能中断号为 52（UART4）的中断，STM32 优先级组别为 1，抢占式优先级是 1，子优先级是 4，该如何设置？

分析：

中断的使能设置位于寄存器 ISER 中，抢占式优先级和子优先级在 IPR 寄存器中设置，各选项的设置原理见前述介绍。设置结果如下：

```
NVIC->ISER[52>>5] |= 1<<(52&0x1f); //使能中断号为 52 的中断
NVIC->IP[52]=0xc0; //设置优先级寄存器 IPR[52]为 1100 0000b
```

扫一扫看优先级分组

2. 内核中的优先级分组

刚刚我们提到，STM32 的 IP[n]中的高 4 位用来分配抢占式优先级和响应优先级的位数，而具体的分配由 STM32 的组别决定，那 STM32 的组别在哪里设置呢？在 AIRCR 寄存器中设置。

AIRCR 全称为 Application Interrupt and Reset Control Register，即应用程序中断及复位控制寄存器（在《Cortex M3 与 Cortex M4 权威指南》中附录 F 的 2.4 中有介绍），它是 NVIC 模块中的寄存器。AIRCR 中各位的位定义如表 8-4 所示。

表 8-4　应用程序中断及复位控制寄存器（AIRCR）中各位的位定义

位　段	名　称	类型	复位值	描　述
31:16	VECTKEY	rw	—	访问钥匙：任何对该寄存器的写操作，都必须同时把 0x05FA 写入此段，否则写操作被忽略。若读取此半字，则返回结果是 0xFA05
15	ENDIANESS	r	—	大小端指示。1=大端，0=小端，复位时确定
10:8	PRIGROUP	rw	0	优先级分组
2	SYSRESETREQ	w	—	请求芯片控制逻辑产生一次复位
1	VECTCLRACTIVE	w	—	清 0 所有异常的活动状态信息。通常只在调用时使用，或者在 OS 从错误中恢复时使用
0	VECTRESET	w	—	复位内核，但此复位不影响芯片上内核以外的电路

由表 8-4 可见，AIRCR 中的 bit[10:8]为优先级分组（PRIGROUP）位段，其值为 0～7，分别对应 8 个不同的优先级设置。当 AIRCR 的 bit[10:8]=0 时，IP[n]中使用从右往左中的(0+1)位配置子优先级，其余位（bit[7:1]）用于配置抢占式优先级；当 AIRCR 的 bit[10:8]=1 时，IP[n]使用从右往左中的（1+1）位（bit[1:0]）配置子优先级，其余位（bit[7:2]）用于配置抢占式优先级。其他配置的使用以此类推。

> **响应优先级占的位数 = AIRCR 中的优先级分组位段的值+1**

表 8-5 列出了当 AIRCR 的 bit[10:8]位分别为 4、5、6 和 7 时的优先级配置情况，大家可以参考一下。

表 8-5　STM32 的优先级组别与 SCB->AIRCR[10:8]位配置关系

STM32 优先级组别	SCB->AIRCR[10:8]	SCB->AIRCR 中的优先级组别
0	111	7
1	110	6
2	101	5
3	100	4
4	011	3

由表 8-5 我们可以看到，STM32 的优先级组别和 AIRCR 寄存器中优先级位段值之间存在着以下关系：

> **STM32 优先级组别 = 7-AIRCR 的优先级位段的值**

3. STM32 的中断优先级配置的函数设计

下面我们就根据 STM32 的优先级组别和 AIRCR 的优先级位段值之间的关系来组织一个函数，这个函数的作用是通过设置 AIRCR 寄存器的值达到配置 STM32 的优先级组别的目的。

先来看函数的名字。函数的名字设为 MY_NVIC_PriorityGroupConfig()，它的参数只有一个，那就是 STM32 的优先级组别，假设为 stm32group，由于 STM32 的优先级组别只有 0～4 一共 5 组，所以参数 stm32group 的类型使用 unsigned char 类型。另外，由于函数只是做一个设置动作，不需要返回值，所以函数的类型设置为 void，如果需要返回值，大家可以根据自己的需求进行设置。

接下来设计函数的内容。根据前面的描述，STM32 的优先级组别等于 7 减去 AIRCR 的优先级位段的值。反过来，AIRCR 的优先级位段的值应等于 7 减去 STM32 的优先级组别。另外，还有一点要注意，那就是往 AIRCR 寄存器中写入数据时必须向其高 16 位写入 0x05FA 对其进行解锁，否则写操作将会被忽略。由此可以得到函数 MY_NVIC_PriorityGroupConfig() 的组织形式如下：

```
void MY_NVIC_PriorityGroupConfig(u8 stm32group)
{
u8 cm4group=0;                    //AIRCR 的优先级位段的值
u32 temp=0;                       //临时变量
temp = SCB->AIRCR;                // (1) 读出 AIRCR 的内容
temp &= 0x0000f8ff;               // (2) 将 AIRCR 的 bit[10:8]清 0，将高 16 位清 0
cm4group=7-stm32group;            // (3) 算出 Cortex-M4 的优先级组别
temp |= (cm4group<<8)|(0x05fa<<16); // (4) 分别将 cm4group 和密钥写入 AIRCR 的对应位
SCB->AIRCR =temp;                 // (5) 将 temp 的内容写入 AIRCR
}
```

扫一扫看优先级分组的配置

函数的第一步是读出 AIRCR 寄存器的值保存在临时变量 temp 中；第二步是对 temp 中需要设置的位进行清 0；第三步是根据 STM32 优先级组别算出 AIRCR 的优先级位段的值；第四步是将 AIRCR 的密钥和优先级位段的值置入变量 temp 中；第五步是将 temp 的值赋给 AIRCR 完成对 AIRCR 的设置。

到这里，配置 STM32 的优先级组别的函数就设计完成了。在使用中，如果我们想设置 STM32 的优先级组别是 2，则只需要采用如下的方式调用就可以了。

```
MY_NVIC_PriorityGroupConfig(2);
```

4. NVIC 的寄存器的组织

NVIC 中相关寄存器可以在 Cortex-M4 用户手册（《Cortex-M4 Devices Generic User Guide》的 4.2 节）中找到，这些寄存器的名称、地址等信息如表 8-6 所示。

表 8-6　NVIC 模块中断控制相关寄存器的名称、地址信息

地　址	名　称	类型	复位值	描　述
0xE000E100-0xE000E11C	NVIC_ISER0～NVIC_ISER7	rw	0x00000000	中断使能设置寄存器
0xE000E180-0xE000E19C	NVIC_ICER0～NVIC_ICER7	rw	0x00000000	中断除能寄存器
0xE000E200-0xE000E21C	NVIC_ISPR0～NVIC_ISPR7	rw	0x00000000	中断设置挂起寄存器
0xE000E280-0xE000E29C	NVIC_ICPR0～NVIC_ICPR7	rw	0x00000000	中断解挂寄存器
0xE000E300-0xE000E31C	NVIC_IABR0～NVIC_IABR7	ro	0x00000000	中断激活位寄存器
0xE000E400-0xE000E4EC	NVIC_IPR0～NVIC_IPR59	rw	0x00000000	中断优先级寄存器
0xE000EF00	STIR	wo	0x00000000	软件触发中断寄存器

在表 8-6 中，还有 4 个寄存器 ISPR、ICPR、IABR、STIR 没有介绍，大家可以自己查阅 Cortex-M4 的用户手册了解它们的作用。

下面我们来看如何将这些寄存器封装进一个结构体。仔细研究表 8-6 中的寄存器，我们发现它们的地址并不连续，比如中断使能设置寄存器 ISER 的末尾地址是 0xE000E11C，而接

下来的中断除能寄存器 ICER 的首地址则为 0xE000E180，之间隔着 24 个字单元（STM32 的每个字是 32 位），其他寄存器之间也是如此。由于这些寄存器的地址不连续，所以如果直接将它们按下面的方式组织起来：

```
typedef struct
{
    volatile unsigned int    ISER[8];
    volatile unsigned int    ICER[8];
    volatile unsigned int    ISPR[8];
    volatile unsigned int    ICPR[8];
    volatile unsigned int    IABR[8];
    volatile unsigned char   IP[240];
    volatile unsigned int    STIR;
}NVIC_Type;
```

则当用 NVIC_Type 去定义一个指针变量，并将 NVIC 的首地址赋给该变量时，采用变量->成员的方式，除了对 ISER 成员的访问能够成功访问中断设置使能寄存器 ISER，针对其他成员的访问都不能访问到对应的寄存器。所以必须对上述组织方式进行一些改变。改变的方法是在两寄存器之间填充一些保留的存储单元，使得表 8-6 中的寄存器的相对地址与结构体成员中的相对地址仍然一致。基于此考虑，可得 NVIC 中断控制相关寄存器的组织结构如下：

```
typedef struct
{
volatile unsigned int    ISER[8];
    unsigned int RESERVED0[24];
    volatile unsigned int    ICER[8];
    unsigned int RSERVED1[24];
    volatile unsigned int    ISPR[8];
    unsigned int RESERVED2[24];
    volatile unsigned int    ICPR[8];
    unsigned int RESERVED3[24];
    volatile unsigned int    IABR[8];
    unsigned int RESERVED4[56];
    volatile unsigned char   IP[240];
    unsigned intRESERVED5[644];
    volatile unsigned int    STIR;
}NVIC_Type;
```

结构体类型 NVIC_Type 中寄存器成员仍然用 volatile 修饰，填充单元不用 volatile 修饰。

在将 NVIC 中断相关的寄存器封装在一起之后，接下来我们来定义符号 NVIC 代表 NVIC 模块的基地址。通过查阅 Cortex-M4 手册得知 NVIC 模块的基地址是 0xE000E100，根据前面的介绍，可以得到用 NVIC 代表这个地址的定义如下：

```
#define NVIC        ((NVIC_Type*) 0xE000E100)
```

在做如上的定义之后，我们就可使用 NVIC->成员的方式访问 NVIC 的寄存器，然后通过对这些成员的配置达到配置 NVIC 相关寄存器的目的了。

5. STM32 的 SCB 模块寄存器的组织

最后，AIRCR 寄存器是内核中系统控制模块（SCB）中的寄存器，SCB 中寄存器可以参阅《Cortex-M4 Technical Reference Manual》的第 4 章 "System Control"，它里面的寄存器我们不再列出，而是直接列出 ST 给出例程中这些寄存器被封装在结构体 SCB_Type 时的形式，并由此逐步过渡到直接应用 ST 公司给出各模块的寄存器的定义来进行开发工作。SCB_Type 的定义如下：

```c
typedef struct
{
  __I  uint32_t CPUID;
  __IO uint32_t ICSR;
  __IO uint32_t VTOR;
  __IO uint32_t AIRCR;
  __IO uint32_t SCR;
  __IO uint32_t CCR;
  __IO uint8_t  SHP[12];
  __IO uint32_t SHCSR;
  __IO uint32_t CFSR;
  __IO uint32_t HFSR;
  __IO uint32_t DFSR;
  __IO uint32_t MMFAR;
  __IO uint32_t BFAR;
  __IO uint32_t AFSR;
  __I  uint32_t PFR[2];
  __I  uint32_t DFR;
  __I  uint32_t ADR;
  __I  uint32_t MMFR[4];
  __I  uint32_t ISAR[5];
       uint32_t RESERVED0[5];
  __IO uint32_t CPACR;
} SCB_Type;
```

其中，修饰符_ _I 的定义如下：

```c
#ifdef __cplusplus
  #define   __I       volatile        //_ _I代表输入口
#else
  #define   __I       volatile const
```

_ _O 和_ _IO 的定义分别如下：

```c
#define     __O       volatile
#define     __IO      volatile
```

在使用 SCB 模块的寄存器时，我们定义 SCB 代表系统控制模块寄存器的首地址：

```c
#define SCS_BASE            (0xE000E000UL)
#define SCB                 ((SCB_Type *) SCB_BASE)
```

STM32 程序设计案例教程

然后在访问 SCB 的寄存器时，我们先用 SCB_Type 定义一个结构体指针变量，然后再将 SCB 的地址赋值给该变量，则接下来即可用该变量去访问 SCB 模块中的各寄存器单元了。至此，关于 NVIC 的中断控制的相关介绍就介绍完了。

8.1.4 中断函数接口及中断函数的实现

1. 中断函数的接口

STM32 不像 C51 单片机那样，可以通过 interrupt 关键字修饰函数来说明该函数为中断服务函数。STM32 的中断服务函数接口存在中断向量表中，是在启动代码中给出的。这些中断函数的名字都已在启动文件中，具体如图 8-3 所示。但在启动文件中很多函数都只有一个函数名，并没有函数体。

```
__Vectors    DCD    __initial_sp              ;Top of Stack
             DCD    Reset_Handler             ;Reset Handler
             DCD    NMI_Handler               ;NMI Handler
             DCD    HardFault_Handler         ;Hard Fault Handler
             DCD    MemManage_Handler         ;MPU Fault Handler
             DCD    BusFault_Handler          ;Bus Fault Handler
             DCD    UsageFault_Handler        ;Usage Fault Handler
             DCD    0                         ;Reserved
             DCD    0                         ;Reserved
             DCD    0                         ;Reserved
             DCD    0                         ;Reserved
             DCD    SVC_Handler               ;SVCall Hanler
             DCD    DebugMon_Handler          ;Debug Monitor Handler
             DCD    0                         ;Reserved
             DCD    PendSV_Handler            ;PendSV Handler
             DCD    SysTick_Handler           ;sysTick Handler

             ;External Interrupts
             DCD    WWDG_IRQHandler           ;Window WatchDog
             DCD    PVD_IRQHandler            ;PVD through EXTI Line detection
             DCD    TAMP_STAMP_IRQHandler     ;Tamper and TimeStamps through the EXTI line
             DCD    RTC_WKUP_IRQHandler       ;RTC Wakeup through the EXTI line
             DCD    FLASH_IRQHandler          ;FLASH
             DCD    RCC_IRQHandler            ;RCC
             DCD    EXTI0_IRQHandler          ;EXTI Line0       外部中断0~4的中断函数名
             DCD    EXTI1_IRQHandler          ;EXTI Line1
             DCD    EXTI2_IRQHandler          ;EXTI Line2
             DCD    EXTI3_IRQHandler          ;EXTI Line3
             DCD    EXTI4_IRQHandler          ;EXTI Line4
             DCD    DMA1_Stream0_IRQHandler   ;DMA1 Stream 0
             DCD    DMA1_Stream1_IRQHandler   ;DMA1 Stream 1
             DCD    DMA1_Stream2_IRQHandler   ;DMA1 Stream 2
             DCD    DMA1_Stream3_IRQHandler   ;DMA1 Stream 3
```

图 8-3　STM32 的中断函数名

2. 中断函数的实现

知道了函数名，实现函数就比较简单了。以按下按键 KEY2（与 PE2 相连），LED0 的状态反转为例，其中断函数可实现如下：

```
void EXTI2_IRQHandler(void)
{
    delay_ms(10);        //消除抖动
    if(0 == KEY2)
        LED0 = ~LED0;
    while(KEY2!=0);      //等待松手，如果是长按则另作处理
```

```
        EXTI->PR |= 1<<2;
    }
```

写中断函数时记得清除 EXTI_PR 中的中断标志位。

8.2　外 部 中 断

8.2.1　外部中断的中断源

STM32F407 支持的外部中断一共有 23 个，具体如图 8-4 所示。

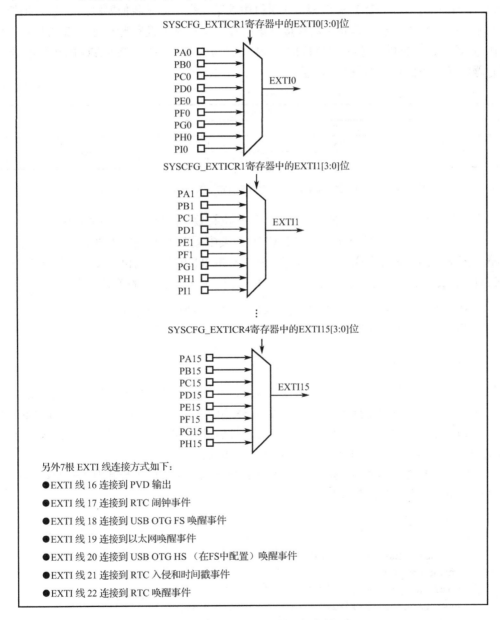

图 8-4　STM32F407 的外部中断

由图 8-4 可见，STM32F407 的外部中断可以分为两类，一类为 GPIO 引脚信号触发，一类为其他电路模块触发。对于 GPIO 引脚信号触发的外部中断，PA0～PI0 共用一根中断线，PA1～PI1 共用一根中断线，以此类推。由于每组 I/O 有 16 个 I/O 端口，所以这类外部中断线一共有 16 根。

8.2.2 外部中断的设置

1. 外部中断线的设置

通过前面的介绍我们知道，STM32F407 的 GPIO 引脚中断线有 16 根，每一根又可以接到 Py.x（y=A～G，x=0～15）等 7 根 I/O 引脚中的某一根，如果我们要将某一 I/O 引脚设置为外部中断信号输入引脚，即将中断线接到该引脚，该在哪里设置呢？在外部中断配置寄存器中配置（这个寄存器的描述在《STM32F4xx 中文参考手册》中关于 SYSCFG 的章节中给出），该寄存器中各位的位定义如图 8-5 所示。

31	30	29	28	27	26	25	24	23	22	21	20	19	18	17	16
\multicolumn{16}{c}{Reserved}
15	14	13	12	11	10	9	8	7	6	5	4	3	2	1	0
EXTI3[3:0]				EXTI2[3:0]				EXTI1[3:0]				EXTI0[3:0]			
rw	rw	rw	rw	rw	rw	rw	rw	rw	rw	rw	rw	rw	rw	rw	rw

图 8-5 外部中断配置寄存器 0（SYSCFG_EXTICR1）各位的位定义

每个外部中断配置寄存器 EXTICR 只有低 16 位有效，而且低 16 位每 4 位配置一个引脚，所以一个 EXTICR 寄存器只能配置 4 根 EXTI，故要配置全部 16 根 EXTI 需要 4 个 EXTICR 寄存器。图 8-5 给出的是外部中断配置寄存器 EXTICR1 的各位的位定义。由图 8-5 可见，SYSCFG_EXTICR1 用 4 位配置一个 I/O 引脚与中断线相连，二者的关系如下：

EXTIx[3:0] = 0000，选择 PA[x]引脚为 EXTIx 外部中断的源输入；
EXTIx[3:0] = 0001，选择 PB[x]引脚为 EXTIx 外部中断的源输入；
⋮
EXTIx[3:0] = 1000，选择 PI[x]引脚为 EXTIx 外部中断的源输入；

比如，我们要设置 PB3 为外部中断源输入脚，首先由引脚序号 x=3 确定要连接的中断线为 EXTI3，对应的需要配置的 EXTICR 寄存器为 EXTICR1，需要配置的位为 bit[(3×4+3):(3×4)]；接下来由 PB 确定需要配置的位的结果为 0001。最后设置 SYSCFG->EXTICR[0]的第 15～12 位为 0001 即可。用 C 语言实现时，可以采用如下步骤：

（1）将 EXTICR 整合进 SYSCFG（系统配置控制器，EXTICR 为其中的一组寄存器）的数据结构中作为一个成员，具体如下：

```
typedef struct
{
    volatile unsigned int MEMRMP;
    volatile unsigned int PMC;
    volatile unsigned int EXTICR[4];
    unsigned int RESERVED[2];
    volatile unsigned int CMPCR;
} SYSCFG_TypeDef;
```

（2）使用 SYSCFG_TypeDef 定义符号 SYSCFG，具体如下：

```
#define SYSCFG                    ((SYSCFG_TypeDef *) 0x40013800)
```

其中，0x40013800 为系统配置控制器 SYSCFG 的基地址。做如上定义后，SYSCFG-> EXTICR[0] 即可用于配置 EXTICR1 控制的外部中断线，SYSCFG->EXTICR[1]即可用于配置 EXTICR2 控制的外部中断线，以此类推。

（3）将 SYSCFG->EXTICR[0]的位[(3+3×4):(3×4)]（位[15:12]）配置为 0001，具体如下：

```
SYSCFG->EXTICR[0] &= ~(0XF<<(3*4));
SYSCFG->EXTICR[0] |= (1<<(3*4));
```

不过，为了程序的通用性，对于 Py.x（y=A～G），为编程方便，y 为 A 时用 y=0 描述其在端口组中的排序，y 为 B 时用 y=1 描述其在端口组中的排序，以此类推；x=0～15，对应外部中断线的位序，一般采用如下的方式实现：

```
SYSCFG->EXTICR[x/4] &= ~(0XF<<((x%4)*4));//对对应位清 0，4 位配置一根外部中断线
SYSCFG->EXTICR[x/4] |= (y<<((x%4)*4));
```

2. 外部中断触发方式的设置

外部中断的触发方式有上升沿触发和下降沿触发，其控制方式分别由上升沿触发选择寄存器（EXTI_RTSR）和下降沿触发选择寄存器（EXTI_FTSR）控制，图 8-6 给出了上升沿触发选择寄存器各位的位定义。

31	30	29	28	27	26	25	24	23	22	21	20	19	18	17	16
				Reserved					TR22	TR21	TR20	TR19	TR18	TR17	TR16
									rw	rw	rw	rw	rw	rw	rw
15	14	13	12	11	10	9	8	7	6	5	4	3	2	1	0
TR15	TR14	TR13	TR12	TR11	TR10	TR9	TR8	TR7	TR6	TR5	TR4	TR3	TR2	TR1	TR0
rw	rw	rw	rw	rw	rw	rw	rw	rw	rw	rw	rw	rw	rw	rw	rw

图 8-6　上升沿触发选择寄存器各位的位定义

由图 8-6 可见，上升沿触发选择寄存器一共使用 23 位，每一位控制一种外部中断。某位置 0 则禁止输入线上升沿触发，置 1 则允许输入线上升沿触发。下降沿触发选择寄存器类似，不再列出。

3. 外部中断屏蔽设置

外部中断的屏蔽通过中断屏蔽寄存器（EXTI_IMR）来设置，该屏蔽寄存器各位的位定义如图 8-7 所示。

31	30	29	28	27	26	25	24	23	22	21	20	19	18	17	16
				Reserved					MR22	MR21	MR20	MR19	MR18	MR17	MR16
									rw	rw	rw	rw	rw	rw	rw
15	14	13	12	11	10	9	8	7	6	5	4	3	2	1	0
MR15	MR14	MR13	MR12	MR11	MR10	MR9	MR8	MR7	MR6	MR5	MR4	MR3	MR2	MR1	MR0
rw	rw	rw	rw	rw	rw	rw	rw	rw	rw	rw	rw	rw	rw	rw	rw

图 8-7　外部中断屏蔽寄存器各位的位定义

与边缘触发类似，屏蔽寄存器也是每一位控制一个外部中断的屏蔽，某位置 0 则对应的外部中断被屏蔽，置 1 则允许。

需要注意的是，外部中断的中断屏蔽寄存器和 NVIC 中的中断使能寄存器类似，在使能外部中断时两个都要打开。

4. 外部中断挂起寄存器（EXTI_PR）

与前述的寄存器类似，PR 寄存器只使用了 23 位，这些位的每一位用于标志对应的中断的发生。当有外部中断发生选择的触发请求时，对应位被置 1。要清除挂起中断寄存器的对应位，可以往此位中写入 1 清除它，也可以通过改变边沿检测的极性清除。

外部中断相关寄存器位于 EXTI 模块中，封装后的数据结构的定义如下：

```
typedef struct
{
    volatile u32 IMR;
    volatile u32 EMR;
    volatile u32 RTSR;
    volatile u32 FTSR;
    volatile u32 SWIER;
    volatile u32 PR;
} EXTI_TypeDef;
```

然后再定义 EXTI 代表 EXTI 模块寄存器的首地址，具体如下：

```
#define EXTI    ((EXTI_TypeDef *)0x40013C00)
```

就可以使用符号 EXTI 访问 EXTI 模块中的寄存器了。

习　题　8

1. 填空题

（1）STM32F407 支持 92 个中断，包括 10 个_____和 82 个_____中断。

（2）TIM2 的全局中断的中断号是_____，UART5 的全局中断的中断号为_____。

（3）要使能 TIM5 的全局中断，可使用语句_____实现。

（4）STM32 的优先级组别为 3 时，IP 中高 4 位的分配是_____。

（5）AIRCR 的全称是_____。

（6）STM32 支持的外部中断一共有_____个。

（7）外部中断的触发方式有_____和_____，分别通过寄存器_____和_____设置。

（8）STM32 的中断函数名位于中断向量表中，试查阅该向量表，写出 EXTI0 的中断函数名为_____，TIM2 的中断函数名为_____。

（9）USART1 可以使用引脚_____作为 RX 引脚。

（10）外部中断挂起寄存器的作用是_____。

2. 思考题

（1）试写出 STM32 的外部中断的初始化流程。

（2）加入复用功能后，GPIO 端口的初始化函数该如何实现？

项目 9　认识 STM32 的定时器

项目介绍		
实现任务		熟练掌握 STM32 的定时器中断、输入信号的捕获和 PWM 调制
知识要点	软件方面	无
	硬件方面	1. 掌握 STM32 的定时器的结构； 2. 掌握定时器中断的产生流程及其应用； 3. 掌握应用定时器的输入捕获功能实现对输入信号的捕获； 4. 掌握应用定时器的 PWM 输出控制
使用的工具或软件		Keil for ARM、"探索者"开发板和下载器
建议学时		10

任务 9-1　使用定时器中断控制 LED0 的闪烁

1. 任务目标

利用 STM32 的定时器中断控制 1 颗 LED 发光二极管闪烁，闪烁周期为 2s。

2. 电路连接

参见项目 1 的任务 1-1 中的图 1-1。

3. 源程序设计

1）工程的组织结构

工程的组织结构如表 9-1 所示。

表 9-1　任务 9-1 工程的组织结构

	main		main.c，启动文件和工程文件	
使用定时器控制一颗LED闪烁	obj		保存编译输出的目标文件和下载到开发板的.hex 文件	
	hardware	led	led.c	LED_Init()
			led.h	#define LED0 PFout(9)、led.c 中的函数的声明
	system	sys	sys.c	定义配置 GPIO 端口功能的函数，定义配置时钟系统函数
			sys.h	声明 sys.c 中的函数，定义引脚编号、引脚功能选择项、地址转换
			stm32f407.h	1. 将 RCC、FLASH、PWR、GPIO 相关寄存器封装进结构体； 2. 定义入口地址
		timer	timer.c	定义定时器初始化函数和中断函数
			timer.h	对 timer.c 中的非中断函数进行声明

2）源程序

（1）main. c

```
#include "sys.h"
#include "led.h"
#include "timer.h"
int main(void)
{
    Stm32_Clock_Init(336,8,2,7);        //配置 AHB=168MHz
    LED_Init();
    TIM3_Int_Init(10000,8399);          //84000000/8400=10kHz，每个时钟周期为 0.1ms
while(1);
}
```

（2）led.c

```
#include "led.h"
void LED_Init(void)
{
    RCC->AHB1ENR|=1<<5;          //使能 PORTF 时钟
    GPIO_Set(GPIOF,(1<<9),2,0,2,1);//PF9 设置为输出，推挽，速度为 50MHz，上拉
    LED0=1;                      //LED0 关闭
}
```

（3）led.h

```
#ifndef __LED_H_
#define __LED_H_
    #include "sys.h"
    #define LED0 PFout(9)       //LED0
    void LED_Init(void);        //初始化
#endif
```

（4）timer.c

```
#include "timer.h"
#include "led.h"
#include "stm32f407.h"
//定时器 3 中断服务程序
void TIM3_IRQHandler(void)
{
    if(TIM3->SR&(1<<0))          //确认是溢出中断
    {
        LED0 = ~LED0;
    TIM3->SR &=~(1<<0);         //清除中断标志位
    }
    TIM3->SR &=~(1<<0);         //清除中断标志位
}
void TIM3_Int_Init(u16 arr,u16 psc)
{
```

```
    RCC->APB1ENR |= 1<<1;        //TIM3 时钟使能
    TIM3->ARR      = arr;         //设定计数器自动重装值
    TIM3->PSC      = psc;         //预分频器
    TIM3->DIER    |= 1<<0;        //允许更新中断
    MY_NVIC_Init(1,3,29,2);       //抢占 1，子优先级 3，TIM3 的中断号为 29，组 2
    TIM3->CR1     |= 1<<0;        //使能定时器 3
}
```

（5）timer.h

```
#ifndef __TIMER_H_
#define __TIMER_H_
    void TIM3_Int_Init(unsigned short arr,unsigned short psc);
#endif
```

（6）sys.c

```
#include "stm32f407.h"
#include "core_cm4.h"
/*将任务 4-1 中的函数 void GPIO_Set ()复制过来*/
//补充 void GPIO_Set(GPIO_TypeDef *GPIOx,u16 pin,u8 mode,u8 otype,u8 ospeed,u8 pupd)函数

/*将任务 5-1 中的函数 Sys_Clock_Set()和 Stm32_Clock_Init()复制过来*/
//函数 Sys_Clock_Set(u32 plln,u32 pllm,u32 pllp,u32 pllq)
//函数 Stm32_Clock_Init(u32 plln,u32 pllm,u32 pllp,u32 pllq)

/*MY_NVIC_PriorityGroupConfig()函数的作用是将 STM32 的优先级组别转换为内核的优先级组别*/
void MY_NVIC_PriorityGroupConfig(u8 stm32group)
{
    u32 temp;
    temp=SCB->AIRCR;                              //读取先前的设置
    temp&=0X0000F8FF;                             //清空先前分组
    temp|=(0X05FA<<16)|((7-stm32group)<<8);       //写入钥匙和优先级分组
    SCB->AIRCR=temp;                              //设置内核优先级分组
}
void MY_NVIC_Init(u8 PreemptionPriority,u8 SubPriority,u8 Channel,u8 Group)
{
    u32 temp;
    MY_NVIC_PriorityGroupConfig(Group);           //设置分组
    temp=PreemptionPriority<<(4-Group);
    temp|=SubPriority&(0x0f>>Group);
    temp&=0xf;                                    //取低 4 位
    NVIC->ISER[Channel/32]|=1<<(Channel%32);      //使能中断位
    NVIC->IP[Channel]|=temp<<4;                   //设置响应优先级和抢断优先级
}
```

（7）sys.h

```
#ifndef _SYS_H_
```

```
#define _SYS_H_
    #include "stm32f407.h"
    void GPIO_Set(GPIO_TypeDef *GPIOx,u16 pin,u8 mode,u8 otype,u8 ospeed,u8 pupd);
    u8 Sys_Clock_Set(u32 plln,u32 pllm,u32 pllp,u32 pllq);
    void Stm32_Clock_Init(u32 plln,u32 pllm,u32 pllp,u32 pllq);
    void MY_NVIC_PriorityGroupConfig(u8 stm32group);
    void MY_NVIC_Init(u8 PreemptionPriority,u8 SubPriority,u8 Channel,u8 Group);
#endif
```

（8）stm32f407.h

```
#ifndef _STM32F407_H_
#define _STM32F407_H_

#define u8   unsigned char
#define u16 unsigned short
#define u32 unsigned int
/*在任务 8-1 的 stm32f407.h 基础上，在 EXTI_TypeDef 后添加以下语句*/

typedef struct
{
  volatile u16 CR1;
  u16        RESERVED0;
  volatile u16 CR2;
  u16        RESERVED1;
  volatile u16 SMCR;
  u16        RESERVED2;
  volatile u16 DIER;
  u16        RESERVED3;
  volatile u16 SR;
  u16        RESERVED4;
  volatile u16 EGR;
  u16        RESERVED5;
  volatile u16 CCMR1;
  u16        RESERVED6;
  volatile u16 CCMR2;
  u16        RESERVED7;
  volatile u16 CCER;
  u16        RESERVED8;
  volatile u32 CNT;
  volatile u16 PSC;
  u16        RESERVED9;
  volatile u32 ARR;
  volatile u16 RCR;
  u16        RESERVED10;
  volatile u32 CCR1;
  volatile u32 CCR2;
```

```
        volatile u32 CCR3;
        volatile u32 CCR4;
        volatile u16 BDTR;
        u16       RESERVED11;
        volatile u16 DCR;
        u16       RESERVED12;
        volatile u16 DMAR;
        u16       RESERVED13;
        volatile u16 OR;
        u16       RESERVED14;
    }TIM_TypeDef;
    //-------------------------------------------------
    #define TIM3     ((TIM_TypeDef *) 0x40000400)
    #define RCC ((RCC_TypeDef*)0x40023800)
    #define PWR ((PWR_TypeDef*)0x40007000)
    #define FLASH ((FLASH_TypeDef*)0x40023c00)
    #define GPIOF ((GPIO_TypeDef*)0x40021400)
    #define SYSCFG ((SYSCFG_TypeDef *)0x40013800)
    #define EXTI     ((EXTI_TypeDef *)0x40013C00)
    #define ALIASADDR(bitbandaddr,bitn) (*(volatile unsigned int*)((bitbandaddr&0xf0000000) \
                        +0x2000000+((bitbandaddr&0xfffff)<<5)+(bitn<<2)))
    #define GPIOF_ODR       0x40021414
    #define PFout(n)   ALIASADDR(GPIOF_ODR, n)
    #endif
```

（9）core_cm4.h

该文件中的内容与任务 8-1 中的同名文件内容相同，复制过来即可。

9.1　STM32 的定时器概述

扫一扫看定时器概述

STM32 一共有 14 个定时器（TIMER1～TIMER14，不包括系统滴答定时器、看门狗定时器等），其中 2 个为高级定时器（TIMER1 和 TIMER8），10 个为通用定时器，2 个为基本定时器（TIMER6 和 TIMER7）。这些定时器的核心都是一个计数器，用于对输入其中的脉冲进行计数以达到定时的目的。STM32 的这些定时器略有差别，不过如果熟悉了高级定时器或通用定时器中的一个的工作原理及应用，则其他的定时器也能轻松掌握。下面我们就以通用定时器 TIM3 为例来了解 STM32 的定时器的工作原理。

9.2　TIM3 内部结构及其计数原理

9.2.1　TIM3 的内部结构

TIM3 的内部结构框图如图 9-1 所示，由图可见，TIM3 主要由时钟源及触发控制模块、核心计数模块、输入通道、输出通道构成。

其中，核心计数模块是整个定时器的核心，它由 3 个寄存器构成，一个是计数器 CNT，一个是自动重载寄存器 ARR，一个是预分频器 PSC。这 3 个寄存器中计数器又是核心。计数器用来对从预分频器输出的时钟脉冲进行计数，每来一个脉冲，计数器就加 1 或者减 1。如果是加 1，这种计数方式就是递增计数方式，递增计数时计数的上限值是 ARR 的值，递增加到 ARR 之后，重新从 0 开始计数并且产生一个计数器溢出事件；如果是减 1，这种计数方式就是递减计数方式，递减计数时计数的初值保存在 ARR 中，当递减计数减到 0 时，重新从 ARR 的值开始计数并产生一个计数器下溢事件。除了这两种计数方式，TIM3 还有另外一种计数方式——中心对齐方式，在这种计数方式中，计数器从 0 开始计数到 ARR 寄存器-1，产生一个计数器溢出事件，然后向下计数到 1 并且产生一个计数器下溢事件，然后再从 0 开始重新计数。这三种计数方式如表 9-2 所示。

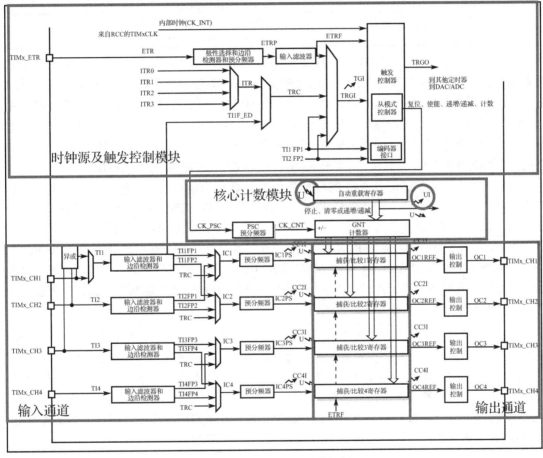

图 9-1　TIM3 的内部结构框图

表 9-2　定时器计数方式及其描述

计数方式	描述
递增计数方式	计数器从 0 计数到自动重载值（TIMx_ARR 寄存器的内容），然后重新从 0 开始计数并生成计数器上溢事件
递减计数方式	计数器从自动重载值（TIMx_ARR 寄存器的内容）开始递减计数到 0，然后重新从自动重载值开始计数并生成计数器下溢事件
中心对齐计数方式	在中心对齐模式下，计数器从 0 开始计数到自动重载值（TIMx_ARR 寄存器的内容）-1，生成计数器上溢事件；然后从自动重载值开始向下计数到 1 并生成计数器下溢事件；之后从 0 开始重新计数

预分频器的时钟源有多个，在这里我们重点介绍其中之一——内部时钟。内部时钟 CK_INT 实际上就是时钟系统中的 TIMxCLK，而 TIMxCLK 的时钟来源如图 9-2 所示。

图 9-2 TIMxCLK 的时钟来源

由图 9-2 可见，TIMxCLK 的时钟来自于 APBx（x 为 1、2），但并不是直接来自于 APB1 或 APB2，而是来自于输入为 APB1 或 APB2 的倍频。具体哪个定时器的时钟源使用的是 APB1 还是 APB2，可以通过查阅 APB1 和 APB2 的时钟使能寄存器获得，此处直接给出，如表 9-3 所示。

表 9-3 STM32F407 的定时器的时钟源

时钟源	使用的定时器
APB1	TIM2～TIM7，TIM12～TIM14
APB2	TIM1，TIM8～TIM11

由表 9-3 可见，TIM2～TIM7、TIM12～TIM14 的时钟来自于 APB1 的倍频器，而其余定时器的时钟来自于 APB2 的倍频器。当 APB1 或者 APB2 的预分频系数（APBx presc）为 1 时，这个倍频器不起作用，定时器的时钟频率为 APB1 或者 APB2 的时钟频率；当 APB1 的预分频系数为其他数值时，这个倍频器起作用，定时器的时钟频率等于 APB1 或者 APB2 的频率的两倍。举个例子，一般系统配置 AHB=168MHz，APB1 的预分频系数为 4，则 APB1 的时钟频率为 42MHz，此时挂在 APB1 总线上的 TIM3 的时钟频率为 84MHz。

在图 9-1 中，我们还可以看到 PSC 预分频器、ARR 自动重载寄存器和 4 个捕获/比较寄存器下面有一个阴影，这个阴影的作用是说明这类寄存器在物理上对应两个寄存器，一个是程序员可以写入或者读出的寄存器，称为预装载寄存器（Preload Register），另一个是程序员看不见的，但在实际中真正起作用的寄存器，这个寄存器称为影子寄存器（Shadow Register）。当定时器控制寄存器 TIMx_CR1 中的 APRE 位为 0 时，预装载寄存器的内容可以随时传送到影子寄存器，此时两者是连通的；当 APRE 位为 1 时，在每一次更新事件（UEV）发生时，才把预装载寄存器的内容传送到影子寄存器。

设计预装载寄存器和影子寄存器的好处是，所有真正需要起作用的寄存器（影子寄存器）可以在同一时间（发生更新事件时）被更新为所对应的预装载寄存器的内容，这样可以保证多个通道的操作能够准确地同步。如果没有影子寄存器，或者预装载寄存器和影子寄存器是直通的，即软件更新预装载寄存器时，同时更新了影子寄存器，因为软件不可能在一个相同的时刻同时更新多个寄存器，结果造成多个通道的时序不能同步，如果再加上其他因素（如中断），多个通道的时序关系有可能是不可预知的。

另外，在图 9-1 中我们还看到，TIM3 具有 4 个捕获/比较通道，可以用于对输入信号进行捕获及 PWM 输出。在图 9-1 中还有一些标志，其中，用粗线圈起的一个大写的 U 和一个向下的箭头，表示对应寄存器的影子寄存器可以在发生更新事件时，被更新为它的预装载寄存器的内容；用粗线圈起的部分，表示对应的自动装载寄存器可以产生一个更新事件（U）或更新事件中断（UI）。

9.2.2 STM32 定时器的定时原理

扫一扫看
定时器的
定时原理

定时器本质上是一个计数器，通过对脉冲信号进行计数达到计时的目的。TIM3 的基本计数部件如图 9-3 所示。它由 3 部分构成，分别是自动重载寄存器、计数器和预分频器，三者都为

16 位。自动重载寄存器用于存放计数的上限值或起始值。预分频器用于对 CK_PSC 信号进行分频，其输出信号 CK_CNT 为计数器的计数源，CK_PSC 和 CK_CNT 的关系如式（9-1）所示。

图 9-3　TIM3 的基本计数部件

$$CK\_CNT = CK\_PSC/(PSC+1) \tag{9-1}$$

由式（9-1）可见，计数器的预分频值为 1～65536（对应的预分频系数为 1～65536）。

不过在程序中，我们一般只需设置 PSC 和 ARR 的值，而计数器的初值则由计数方式决定，在程序中不需要设置。计数器有 3 种计数方式，分别是递增计数方式、递减计数方式和中心对齐方式，这三种方式在定时器控制寄存器 TIM3->CR1 中设置。TIM3->CR1 中各位的位定义如图 9-4 所示。

15	14	13	12	11	10	9	8	7	6	5	4	3	2	1	0
			Reserved			CKD[1:0]		ARPE	CMS		DIR	OPM	URS	UDIS	CEN
						rw	rw	rw	rw	rw	rw	rw	rw	rw	rw

图 9-4　TIM3->CR1 中各位的位定义

其中，CR1 的 bit0（CEN）位为定时器开关控制位，置 1 定时器开启，置 0 定时器关闭。bit1（UDIS）位为允许/禁止更新事件位，置 0 允许更新事件，置 1 禁止更新事件。bit2（URS）位为更新事件源选择位，置 0 如果使能了更新中断或 DMA 请求，则在发生计数器溢出/下溢、设置 UG 位（TIMx->EGR 寄存器的第 0 位）等更新事件时产生更新中断或 DMA 请求；置 1 如果使能了更新中断或 DMA 请求，则只有计数器溢出/下溢才产生更新中断或 DMA 请求。bit4 的 DIR（direction）位和 bit[6:5]位一起用于配置计数方式，当 CMS=00 时，如果 DIR=0 为递增计数方式，DIR=1 为递减计数方式，默认是递增计数方式。当 CMS 不为 00 时，计数方式为中心对齐方式。bit7（ARPE）位为自动重载预装载位，ARPE=0，预装载寄存器和影子寄存器连通；ARPE=1，在发生更新事件后预装载寄存器值才加载到影子寄存器中。

在计数器计数结束之后，它会发生上溢或下溢事件，此时定时器状态寄存器 SR（Status Register）的 bit0 位被置 1。所以我们可以通过检查这一位的值来得知计数器一次计数是否结束。

状态寄存器 TIM3->SR 中各位的位定义如图 9-5 所示。

15	14	13	12	11	10	9	8	7	6	5	4	3	2	1	0
		Reserved	CC4OF	CC3OF	CC2OF	CC1OF		Reserved		TIF	Res	CC4IF	CC3IF	CC2IF	CC1IF	UIF
			rc_w0	rc_w0	rc_w0	rc_w0				rc_w0		rc_w0	rc_w0	rc_w0	rc_w0	rc_w0

图 9-5　状态寄存器 TIM3->SR 中各位的位定义

其中，UIF 位即为溢出标志中断位。

如果使能了对应的中断，则溢出时定时器中断发生。定时器的中断使能在寄存器 DIER 中设置，TIM3->DIER 中各位的位定义如图 9-6 所示。DIER 中的 bit0 位即为更新中断使能位，置 0 时禁止更新中断，置 1 时允许更新中断。

15	14	13	12	11	10	9	8	7	6	5	4	3	2	1	0
Res	TDE	Res	CC4DE	CC3DE	CC2DE	CC1DE	UDE	Res		TIE	Res	CC4IE	CC3IE	CC2IE	CC1IE	UIE
	rw		rw	rw	rw	rw	rw			rw		rw	rw	rw	rw	rw

图 9-6　TIM3->DIER 中各位的位定义

注意，无论是采用查询方式还是中断方式判断定时器的溢出，在溢出事件发生之后都要对溢出状态位进行清 0，清 0 采用的是写 0 清 0。例如，可以采用如下的方式来清除溢出中断标志位：

```
TIM3->SR &= ~(1<<0);
```

综合上面的讨论，我们可以得到定时器定时的原理是：适当设置 ARR 和 PSC 的值，启动计数器计数，然后通过查询定时器的溢出状态位的值判断一次定时结束。如果需要的定时时间比较长，一次定时不能解决问题，可以通过多次定时来获得定时结果。

下面我们通过一个例子来介绍定时器的定时设置过程。

例 1：使用 TIM3 计时 10ms，时钟源使用内部时钟，试对整个计数过程涉及部件进行配置。

分析：假设 AHB=168MHz，APB1 的预分频系数设为 4，则 APB1=42MHz，由于 APB1 的预分频系数不为 1，所以 TIM3 的内部时钟频率为 APB1 的倍频，即 84MHz。计数器之前的预分频系数设为 83，则计数器的时钟频率为 1MHz，即计数器每计时一次，历经时间为 1μs，所以计时 10ms 需要计时 10000 次。采用向上计数方式，ARR 的值应设置为 10000，则

```
TIM3->ARR = 10000;
TIM3->PSC=83;
```

整个设置过程如图 9-7 所示。

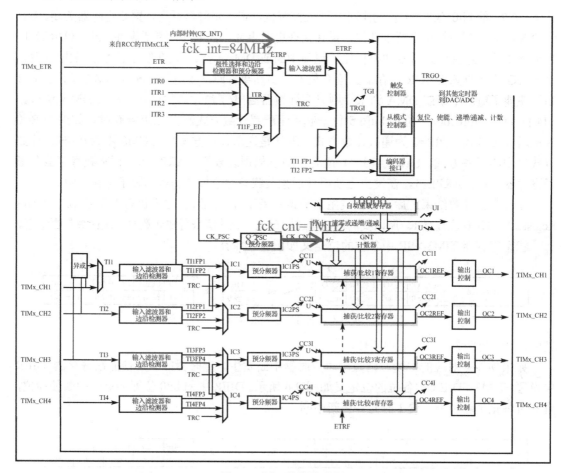

图 9-7　例 1 的设置过程

这里需要注意的是，设置 ARR 和 PSC 的值的时候要注意范围不要越界。

9.3　定时器中断的实现

扫一扫看
定时器中
断

前面我们讲过，当计数器发生上溢或下溢事件时，如果使能了对应的中断，则定时器中断发生。此时如果设置有中断服务函数，则中断获得响应后，处理器将去执行中断服务函数。下面我们通过一个例子来说明定时器的中断如何设置和实现。

例 2：利用 STM32 的 TIM3 控制 LED1，使得 LED1 的闪烁周期为 2s（每周期亮的时间是 1s，灭的时间是 1s）。

分析：

（1）中断函数的设计

中断函数的设计分为两部分，一部分是中断函数的名字，一部分是中断函数的内容。通过查阅启动文件中的中断向量表我们得到 TIM3 的中断函数名为 TIM3_IRQHandler()。而中断函数的内容，是将 LED1 的状态进行反转。但是，在这里要注意两点：第一点是定时器中断可由多种方式引起，故在中断中还需要加入判断语句，判断是不是目标中断引起的中断，是才执行对应的处理，否则不处理。在本例中，中断是由溢出引起的，其标志位是状态寄存器 SR 的最低一位，所以在执行 LED1 状态反转之前，要加上语句 if(TIM3->SR&(1<<0)) 对中断原因进行判断，看看中断是否是由溢出引发的，如果符合要求，将 LED1 的状态反转。第二点是进入中断后要及时对引起本中断的 SR 的中断标志位进行清 0。基于这些考虑我们可以得到 TIM3 的定时器的中断函数设计如下：

```
void TIM3_ IRQHandler(void)
{
    if(TIM3->SR&(1<<0))          //溢出中断
    {
        TIM3->SR&=~(1<<0);       //清除中断标志位
        LED1=!LED1;
    }
}
```

（2）中断的初始化设置

中断的初始化设置主要包含三部分，一是初始化定时器的核心模块的寄存器 PSC 和 ARR，二是允许溢出中断，三是配置中断的优先级。当然，除了这三个，还需要使能定时器的时钟和使能定时器。

采用函数 TIM3_Int_Init() 来对 TIM3 的定时器中断进行设置。这个函数有两个参数，分别是 psc 和 arr，整个函数结构如下。

```
void TIM3_Int_Init(u16 psc, u16 arr)
{
    //使能 TIM3 的时钟
    // （1）设置 PSC 和 ARR
    // （2）使能溢出时产生中断
    // （3）配置中断优先级
    //启动定时器
```

```
}
```

完整函数形式可以采用如下的形式：

```
void TIM3_Int_Init(u16 arr,u16 psc)
{
    RCC->APB1ENR|=1<<1;                  //TIM3 时钟使能
    TIM3->ARR=arr;                       //设定计数器自动重装值
    TIM3->PSC=psc;                       //预分频器
    TIM3->DIER|=1<<0;                    //允许更新中断
    TIM3->CR1|=0x01;                     //使能定时器 3
    MY_NVIC_Init(1,3,TIM3_IRQn,2);       //抢占 1，子优先级 3，组 2
}
```

（3）调用初始化函数对 TIM3 进行初始化

由于题目要求 LED1 闪烁周期是 2s，每隔 1s 状态反转一次，所以，可以设置定时器 TIM3 每隔 1s 溢出一次，这样 LED1 的状态就可以每隔 1s 反转一次，从而实现了题目要求。基于这个考虑，可以采用如下的方式使用函数 TIM3_Int_Init()对 TIM3 进行初始化。

```
TIM3_Int_Init(10000,8399);
```

9.4 应用定时器产生 PWM 调制信号

PWM 全称为 Pulse Width Modulation（脉冲宽度调制），即占空比可以调制的脉冲波形。所谓占空比是指高电平在一个周期之内所占的时间比率。以图 9-8 为例，第 1 个周期高电平在一个周期中占 50%，即占空比为 50%；第 2 个周期高电平在一个周期中占 33%，即占空比为 33%；第 3 个周期占空比为 25%；第 4 个周期占空比为 17%。这种占空比可以调制的脉冲波形就是 PWM 调制。

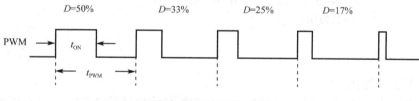

图 9-8 PWM 调制波形

STM32F407 的 14 个定时器中，除了基本定时器 TIM6 和 TIM7，其他的定时器都可以输出 PWM 信号，其中，每个高级定时器可以输出 7 路 PWM 信号，通用定时器 TIM2～TIM5 可以输出 4 路 PWM 信号，其他的通用定时器可以输出 2 路 PWM 信号。各定时器的 PWM 输出通道如表 9-4 所示。

表 9-4 各定时器的 PWM 输出通道

LQFP144（引脚序号）	引脚名称（复位后的功能）	复用功能
4	PE5	TIM9_CH1
5	PE6	TIM9_CH2
24	PF6	TIM10_CH1

续表

LQFP144（引脚序号）	引脚名称（复位后的功能）	复 用 功 能
25	PF7	TIM11_CH1
26	PF8	TIM13_CH1
27	PF9	TIM14_CH1
34	PA0	TIM2_CH1_ETR/TIM5_CH1 / TIM8_ETR
35	PA1	TIM5_CH2 / TIM2_CH2
36	PA2	TIM5_CH3 /TIM9_CH1 / TIM2_CH3
37	PA3	TIM5_CH4 /TIM9_CH2 / TIM2_CH4 /
41	PA5	TIM2_CH1_ETR|TIM8_CH1N
42	PA6	TIM8_BKIN/TIM13_CH1 /TIM3_CH1/ TIM1_BKIN
43	PA7	TIM8_CH1N /TIM14_CH1/TIM3_CH2/TIM1_CH1N
46	PB0	TIM3_CH3 / TIM8_CH2N/TIM1_CH2N
47	PB1	TIM3_CH4 / TIM8_CH3N/TIM1_CH3N
58	PE7	TIM1_ETR
59	PE8	TIM1_CH1N
60	PE9	TIM1_CH1
63	PE10	TIM1_CH2N
64	PE11	TIM1_CH2
65	PE12	TIM1_CH3N
66	PE13	TIM1_CH3
67	PE14	TIM1_CH4
68	PE15	TIM1_BKIN
69	PB10	TIM2_CH3
70	PB11	TIM2_CH4
75	PB14	TIM12_CH1
76	PB15	TIM12_CH2
73	PB12	TIM1_BKIN
74	PB13	TIM1_CH1N
75	PB14	TIM1_CH2N /TIM12_CH1 /TIM8_CH2N
76	PB15	TIM1_CH3N / TIM8_CH3N/ TIM12_CH2
81	PD12	TIM4_CH1
82	PD13	TIM4_CH2
85	PD14	TIM4_CH3
86	PD15	TIM4_CH4
96	PC6	TIM8_CH1 /TIM3_CH1
97	PC7	TIM8_CH2/ TIM3_CH2
98	PC8	TIM8_CH3/TIM3_CH3
99	PC9	TIM8_CH4/TIM3_CH4
100	PA8	TIM1_CH1
101	PA9	TIM1_CH2
102	PA10	TIM1_CH3

续表

LQFP144（引脚序号）	引脚名称（复位后的功能）	复 用 功 能
103	PA11	TIM1_CH4
104	PA12	TIM1_ETR
110	PA15	TIM2_CH1_ETR
116	PD2	TIM3_ETR
134	PB4	TIM3_CH1
135	PB5	TIM3_CH2
136	PB6	TIM4_CH1
139	PB8	TIM4_CH3 /TIM10_CH1
140	PB9	TIM4_CH4/ TIM11_CH1
141	PE0	TIM4_ETR

由于我们所使用的开发板只有 LED 接口可以方便观察定时器的 PWM 调制效果，而 LED 接口接在 PF9 和 PF10 中，通过查表 9-4 可知只有 PF9 是 TIM14 的通道 1，所以我们以 TIM14 的通道 1 产生的 PWM 信号来控制接在 PF9 上的 LED 为例，来说明 STM32 的定时器在 PWM 调制方面的应用。

9.4.1 TIM14 的 PWM 调制原理

如图 9-9 所示为 TIM14 的内部结构图，由图可以看到 TIM14 只有一路输出，所以只能输出一路 PWM 信号。其中框住的部分为输出比较部分，它由 TIM 的时基电路和输出比较电路构成，其中时基电路的时钟源只有内部时钟，计数器只能递增计数。定时器的 PWM 调制信号即由这些电路产生，并从 TIMx_CH1 输出。

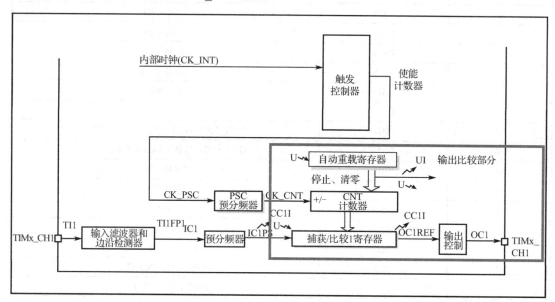

图 9-9　TIM14 的内部结构图

TIM14 的 PWM 模式有两种：PWM 模式 1 和 PWM 模式 2，通过向 TIMx_CCMRx 寄存器中的 OCxM 位写入 110（PWM 模式 1）或 111（PWM 模式 2）进行设置。如果设置为 PWM

模式 1，则只要 TIMx_CNT < TIMx_CCRx，PWM 参考信号 OCxREF 便为高电平，否则为低电平。如果设置为 PWM 模式 2，则只要 TIMx_CNT < TIMx_CCR1，OCxREF 便为低电平，否则为高电平。

图 9-10 给出了 TIM14 工作于 PWM 模式 1 时的 PWM 波形，分 4 种情况讨论，具体为：

（1）CCR1=4，ARR=8，为比较寄存器的值小于自动重载值的情况。这时，当计数器 CNT 的值小于捕获/比较寄存器 CCR1 的值时，OC1REF 为高电平，否则为低电平。

（2）CCR1=8，ARR=8，为比较寄存器的值与自动重载值相等的情况。这时，当计数器 CNT 的值小于 CCR1 的值时，输出 OC1REF 为高电平，否则为低电平。

（3）CCR1>ARR=8，为计数器的值始终小于比较寄存器的值的情况。这时，输出 OC1REF 始终为高电平。

（4）CCR1=0，此时计数器的值始终大于或等于 CCR1 的值，故输出 OC1REF 始终为低电平。

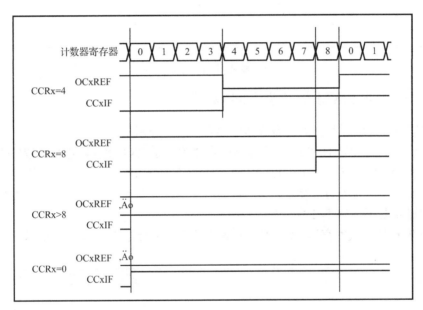

图 9-10 PWM 模式 1 的 PWM 波形

图 9-10 给出的是 OC1REF 的信号，而 TIM14 实际输出到外部的是 OC1 信号，那么 OC1REF 信号和 OC1 信号有什么联系呢？下面我们通过图 9-11 来说明。

如图 9-11 所示为捕获/比较输出阶段框图。由图可见，从 OC1REF 输出的信号分成两路，一路到主模式控制器，这一路不在讨论范围之列。另一路又再分两路送到 2 路选择开关：一路直接送到 2 路选择开关，另一路经反相后再送到 2 路选择开关。2 路选择开关由 TIM14 的 CCER 寄存器的 CC1P 位控制，当 CC1P=0 时，OC1=OC1REF（假设输出使能）；当 CC1P=1 时，OC1=$\overline{OC1REF}$（假设输出使能）。

综合以上分析，如果采用的是 PWM 模式 1，则当计数器 CNT 的值小于 CCR1 的值时，OC1REF 输出高电平；当 CNT 的值大于或等于 CCR1 的值但小于或等于 ARR 的值时，OC1REF 输出低电平。当 CNT 的值增加到与 ARR 相等后，溢出事件发生，CNT 初始化为 0 然后继续递增计数并同时与 CCR1 的值进行比较以确定 OC1REF 的信号电平。如此反复即可形成脉冲输出，如果在整个过程中不断改变 CCR1 的值，则输出为脉宽可调的 PWM 信号。由这些讨论还可以看出，**PWM 信号的周期由 ARR 的值决定，占空比由 CCR1 的值决定**。PWM 模式 2 产生 PWM 的原理与此相同，不再赘述。

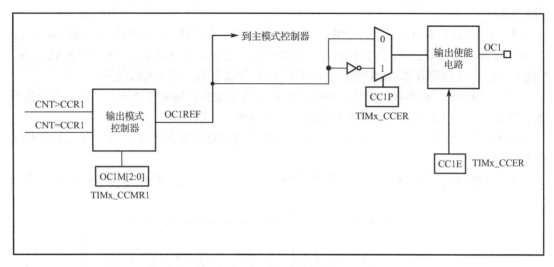

图 9-11   捕获/比较输出阶段框图

9.4.2   TIM14 产生 PWM 信号涉及的寄存器

TIM14 产生 PWM 信号涉及的寄存器主要有 4 个，分别是：

（1）捕获/比较寄存器 CCR1。该寄存器中存放的是与 CNT 寄存器进行比较的值。如果没有通过 TIMx_CCMR 寄存器中的 OC1PE 位来使能预装载功能，写入 CCR1 的数值会被直接传输至当前寄存器（使用的寄存器）中。否则只在发生更新事件时 CCR1 的值才被复制到实际起作用的捕获/比较寄存器 1 并生效。

（2）捕获/比较模式寄存器 CCMR1。该寄存器各位的位定义如图 9-12 所示。

15	14	13	12	11	10	9	8	7	6	5	4	3	2	1	0
Reserved									OC1M[2:0]			OC1PE	OC1FE	CC1S[1:0]	
Reserved								IC1F[3:0]				IC1PSC[1:0]			
								rw	rw	rw	rw	rw	rw	rw	rw

图 9-12   捕获/比较模式寄存器 CCMR1 各位的位定义

由图 9-12 可见，CCMR1 寄存器的位在不同的工作模式下具有不同的含义，而这个工作模式由位段 CC1S[1:0] 来选择。当 CC1S[1:0]=00 时，通道 CC1 被配置为输出模式；当 CC1S[1:0]=01 时，通道 CC1 被配置为输入模式。产生 PWM 信号需要配置为输出模式，所以这里我们只讨论 CCMR1 在输出模式下的作用。在输出模式下，CCMR1 使用到的位段的作用及配置功能如下：

① OC1FE 输出比较快速使能。该位用于加快触发输入事件对输出的影响，配置为 1 即可加快输入对输出的影响。

② OC1PE 输出比较预装载使能。=0 可随时向 CCR1 写入数据并立即生效；=1 使能 CCR1 的缓冲功能，只有发生更新事件后 CCR1 的值才加载到活动寄存器中。

③ OC1M 输出比较模式。配置为 110，则输出通道工作于 PWM 模式 1；配置为 111，输出通道工作于模式 2。

（3）捕获/比较使能寄存器 CCER。该寄存器各位的位定义如图 9-13 所示。

15	14	13	12	11	10	9	8	7	6	5	4	3	2	1	0
						Reserved						CC1NP	Res.	CC1P	CC1E
												rw		rw	rw

图 9-13　捕获/比较使能寄存器 CCER 各位的位定义

在 CCER 寄存器中，CC1E 位为通道使能位，在 CC1 配置为输出的情况下，CC1E=0，OC1 通道关闭；CC1E=1，OC1 通道开启。CC1P 位为 CC1 输出极性位，CC1P=0，OC1 高电平有效，实际上就是 OC1 = OC1REF；CC1P=1，OC1 低电平有效，实际上就是 OC1=$\overline{\text{OC1REF}}$。CC1NP 为互补输出极性位。

（4）事件生成寄存器 EGR。该寄存器各位的位定义如图 9-14 所示。

15	14	13	12	11	10	9	8	7	6	5	4	3	2	1	0
						Reserved								CC1G	UG
														w	w

图 9-14　事件生成寄存器 EGR 各位的位定义

寄存器 EGR 的 UG 位为更新生成位，=1 重新初始化计数器（计数器清 0）并生成寄存器更新事件；=0 不执行任何操作。UG 位由软件置 1，并由硬件清 0。CC1G 位不做讨论。

9.4.3　TIM14 产生 PWM 信号的实现流程

要想 TIM14 输出 PWM 信号，则应先对 TIM14 进行初始化，具体可通过如下流程实现。

（1）使能 TIM14 的时钟：

```
RCC->APB1ENR|=1<<8;
```

（2）使能输出引脚对应端口的时钟，如使用 PF9，有

```
RCC->AHB1ENR|=1<<5;
```

（3）配置引脚功能为复用功能，以 PF9 为例，有

```
GPIO_Set(GPIOF,PIN9,GPIO_MODE_AF,GPIO_OTYPE_PP,GPIO_SPEED_100M,GPIO_PUPD_PU);
```

（4）配置引脚功能为 TIM14 的输出，以 PF9 为例，复用功能为 AF9 功能，有

```
GPIO_AF_Set(GPIOF,9,9);
```

（5）初始化 ARR：

```
TIM14->ARR=arr;
```

（6）初始化 PSC：

```
TIM14->PSC=psc;
```

（7）初始化 CCR1：

```
TIM14->CCR1=0;
```

（8）配置 CCMR1，确定 PWM 工作模式，如配置为 PWM 模式 1：

```
TIM14->CCMR1 &= ~(7<<4);   TIM14->CCMR1|=6<<4;
```

（9）配置 CCR1 工作于缓冲状态：

```
TIM14->CCMR1|=1<<3;
```

（10）配置输出通道 CC1 开启：

```
TIM14->CCER|=1<<0;
```

（11）配置输出通道的 OC1 和 OC1REF 的关系，如希望在 TIM14 的 CNT< CCR1 时输出低电平，则应配置 CCER 的 OC1PE 为 1：

```
TIM14->CCER|=1<<1;
```

（12）配置 ARR 工作于缓冲状态：

```
TIM14->CR1|=1<<7;
```

（13）软件产生更新事件，初始化各个寄存器的值：

```
TIM14->EGR |= 1<<0;
```

（14）开启定时器 TIM14：

```
TIM14->CR1|=1<<0;
```

在对 TIM14 进行初始化后，即可通过改变 CCR1 的值来改变 PWM 信号的占空比。

任务 9-2   使用 TIM14 产生周期为 500μs、占空比为 80%的脉冲信号

实现思路：在本设计中，内部时钟 CK_INT 由 PCLK1 经倍频器获得，由于 APB1 的分频系数不为 1，故 CK_INT 的频率为 PCLK1×2=84MHz（PCLK1 的频率为 42MHz）。取 PSC=83，则 CK_CNT 的频率=84/(83+1)=1MHz，即计数器 CNT 的计数周期为 1μs，取 ARR=499 即可使得 PWM 调制的周期为 500μs，由于 TIM14 的计数器是递增计数方式，为使占空比为 80%，CCR1 的值应为 401。整个实现的流程如图 9-15 所示。

（1）初始化函数

```
void TIM14_PWM_Init(u16 psc, u16 arr)
{
    RCC->APB1ENR|=1<<8;          //使能 TIM14 的时钟
    RCC->AHB1ENR|=1<<5;          //使能输出引脚对应端口时钟
    GPIO_Set(GPIOF,PIN9,GPIO_MODE_AF,GPIO_OTYPE_PP,GPIO_SPEED_100M,GPIO_PUPD_PU)
    GPIO_AF_Set(GPIOF,9,9);      //复用为 AF9，即 TIM14 的输出
    TIM14->ARR=arr;
    TIM14->PSC=psc;
    TIM14->CCR1=0;
    TIM14->CCMR1 &= ~(7<<4);     //选择 PWM 模式
    TIM14->CCMR1|=6<<4;
    TIM14->CCMR1|=1<<3;
    TIM14->CCER|=1<<0;           //开启输出通道 CC1
    TIM14->CCER &=~(1<<1);
    TIM14->CR1|=1<<7;            //ARR 处于缓冲状态，即 ARR 与 CNT 不连通
    TIM14->EGR |= 1<<0;          //软件产生更新事件
```

```
        TIM14->CR1|=1<<0;
    }
```

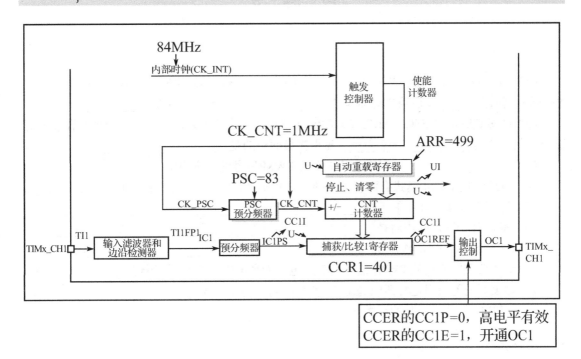

图 9-15　脉冲信号产生流程图

（2）调用函数

```
int main(void)
{
    Stm32_Clock_Init(336,8,2,7);      //设置时钟，168MHz
    TIM14_PWM_Init(500-1,84-1);       //1MHz 的计数频率，2kHz 的 PWM
    while(1);
}
```

（3）结果

结果如图 9-16 所示。

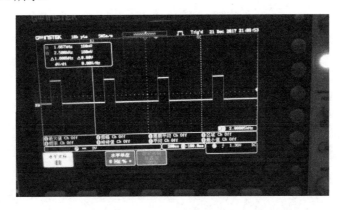

图 9-16　周期为 500μs、占空比为 80% 的脉冲信号图

习 题 9

1. 填空题

（1）STM32 的定时器一共有 14 个，分为高级定时器、通用定时器和基本定时器，其中高级定时器是_____，通用定时器是_____，基本定时器是_____。

（2）高级定时器中 PSC、ARR 和 CCRx 在物理上都是两个定时器，其中一个是预装载寄存器，另一个是_____，与程序员面对的是_____。

（3）引脚_____可以作为 TIM1 的 PWM 信号的输出引脚。

（4）TIM14 的 PWM 模式有两种，分别为 PWM1 和 PWM2，其中 PWM1 的特点是____。

（5）通用定时器的时基单元有_____。

（6）寄存器 CCER 的作用是_____。

（7）寄存器 CCMR 的作用是_____。

（8）如果要配置输出的 PWM 信号的有效电平为高电平，可以使用语句_____实现。

（9）如果要配置通用定时器的通道 1 为输入，可以使用语句_____实现。

（10）TIM3 的全局中断的函数名是_____。

2. 思考题

（1）假定任务 9-2 的其他条件不变，占空比改为 20%，试写出其功能的完整程序。

（2）试写出应用定时器中断时对定时器的初始化流程。

项目10　认识STM32的独立看门狗

项目介绍		
实现任务	理解和掌握独立看门狗的工作原理及应用特点	
知识要点	软件方面	无
	硬件方面	掌握看门狗的工作原理、独立看门狗的设置及"喂狗"方法
使用的工具或软件	Keil for ARM、"探索者"开发板和下载器	
建议学时	4	

任务10-1　认识STM32的独立看门狗的工作原理

1. 实现目标

掌握独立看门狗的工作原理，学会设置看门狗的参数及"喂狗"。

2. 实现电路

电路包括LED模块电路、按键模块电路，具体如图10-1所示。本任务中只用到LED0和按键KEY_UP，LED0用于观察现象，KEY_UP用于触发"喂狗"。

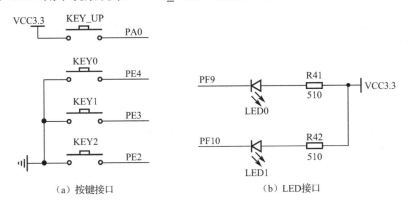

（a）按键接口　　　　　　　　　（b）LED接口

图10-1　按键、LED接口与STM32F4连接原理图

3. 源程序

1）工程的组织结构
工程的组织结构如表10-1所示。

表10-1　工程的组织结构

工程名	工程包含的文件夹及文件			
独立看门狗实验	user		启动文件startup_stm32f40_41xxx.s，main.c及工程文件	
	obj		存放编译输出的目标文件和.hex文件	
	hardware	led	led.c	定义函数LED_Init()
			led.h	诸如#define LED0 PFout(9)等的宏定义及对led.c中的函数进行声明
		wdg	wdg.c	定义函数IWDG_Init()
			wdg.h	对wdg.c中的函数进行声明
		key	key.c	定义函数KEY_Init()、KEY_Scan()
			key.h	对key.c中的函数进行声明
	system	delay	delay.c	定义使用滴答定时器延时的ms级的延时函数
			delay.h	对delay.c中定义的延时函数进行声明
		sys	sys.c	定义系统时钟初始化函数Stm32_Clock_Init()等
			sys.h	对sys.c中定义的函数进行声明
			stm32f407.h	对工程中用到的一些宏进行定义
			core_cm4.h	将滴答定时器各寄存器封装进结构体SysTick_Type；定义SysTick的基地址等

2）源程序设计

本工程直接在任务5-1机械按键的识别基础上进行修改，具体如下。

（1）main.c

```
#include "delay.h"
#include "sys.h"
#include "led.h"
#include "key.h"
#include "wdg.h"
int main(void)
{
    Stm32_Clock_Init(336,8,2,7);     //设置时钟，168MHz
    LED_Init();                      //初始化与LED连接的硬件接口
    KEY_Init();                      //初始化按键
    LED0=1;
    Delay_ms(300);                   //关闭LED0，持续时间为300ms
    IWDG_Init(3,2000);               //预分频系数为32，重载值为2000，溢出时间为2s
    LED0=0;
//点亮LED0，如果不及时"喂狗"，则LED0将在点亮2s后系统重启并造成LED0关闭300ms
    while(1)
    {
        if(4==KEY_Scan())            //如果按下WK_UP，则"喂狗"
        {
            IWDG_Feed();             // "喂狗"
        }
        Delay_ms(10);
    }
}
```

（2）wdg.c

```
#include "wdg.h"
void IWDG_Init(u8 prer,u16 rlr)
{
    IWDG->KR=0x5555;          //使能对IWDG->PR和IWDG->RLR的写保护
    IWDG->PR=prer;            //设置预分频系数
    IWDG->RLR=rlr;            //重装载值寄存器 IWDG->RLR
    IWDG->KR=0xaaaa;          //reload
    IWDG->KR=0xcccc;          //使能看门狗
}
void IWDG_Feed(void)         // "喂狗"

{
    IWDG->KR=0xaaaa;          //reload
}
```

（3）wdg.h

```
#ifndef __WDG_H_
#define __WDG_H_
    #include "sys.h"
    #include "stm32f407.h"
    void IWDG_Init(u8 prer,u16 rlr);
    void IWDG_Feed(void);
#endif
```

（4）stm32f407.h

在该头文件中添加IWDG的寄存器的数据结构及定义IWDG的首地址，具体为添加以下内容：

```
#ifndef _STM32F407_H_
#define _STM32F407_H_

#define u8   unsigned char
#define u16 unsigned short
#define u32 unsigned int
/*将任务9-1中的RCC_TypeDef、PWR_TypeDef、FLASH_TypeDef、GPIO_TypeDef的定义添加进来*/
typedef struct
{
    volatile u32 KR;
    volatile u32 PR;
    volatile u32 RLR;
    volatile u32 SR;
}IWDG_TypeDef;
#define RCC ((RCC_TypeDef*)0x40023800)
#define PWR ((PWR_TypeDef*)0x40007000)
#define FLASH ((FLASH_TypeDef*)0x40023c00)
#define IWDG ((IWDG_TypeDef*)0x40003000)
#define GPIOA ((GPIO_TypeDef*)0x40020000)
#define GPIOE ((GPIO_TypeDef*)0x40021000)
#define GPIOF ((GPIO_TypeDef*)0x40021400)

#define ALIASADDR(bitbandaddr,bitn) (*(volatile unsigned int*)((bitbandaddr&0xf0000000) \
                   +0x2000000+((bitbandaddr&0xfffff)<<5)+(bitn<<2)))
#define GPIOF_ODR      0x40021414
#define GPIOA_IDR      0x40020010
```

```
#define GPIOE_IDR        0x40021010

#define PFout(n)    ALIASADDR(GPIOF_ODR, n)
#define PAin(n)     ALIASADDR(GPIOA_IDR, n)
#define PEin(n)     ALIASADDR(GPIOE_IDR, n)

#endif
```

（5）delay.c、delay.h、sys.c、sys.h、core_cm4.h、key.c和key.h等参见任务7-1同名文件。

3）实验结果

由主函数可知，程序先将LED0熄灭300ms，300ms后对看门狗进行初始化（初始化看门狗的定时时间为2s），初始化看门狗后LED0点亮。在对程序进行编译并将程序烧写到板子上后，如果不按下KEY_UP，我们会发现LED0总是先灭再亮，灭的时间持续约300ms，亮的时间持续约2s，之所以这样，是因为看门狗在计数结束后重启系统。而如果我们有规律地按下KEY_UP，及时"喂狗"，则系统将不会重启，LED0也一直点亮。

10.1　看门狗电路概述

看门狗本质上是一个计数器，该计数器需要在计数到某一个值（STM32F407是0）之前更新初值，每次更新初值后计数器会从初值开始进行计数，如果在到达该值之前计数器没有获得更新，则系统将重新启动。之所以需要看门狗这种电路，原因在于：在嵌入式系统中，处理器可能会受到外界电、磁等干扰，造成程序异常（程序"跑飞"），从而使系统陷入瘫痪状态，为了使系统在陷入瘫痪后能重新启动，很多处理器中都设计有看门狗电路，在正常情况下，在程序运行过程中会不定期更新看门狗的计数器的初值（要在计数器达到重启值之前更新计数器的值），此时系统不会主动重新启动，但如果出现程序"跑飞"，此时看门狗的计数器将不会获得定期更新进而导致计数器达到重启值使系统重新启动。实际上，这种情况跟我们平时使用计算机类似，当计算机死机时，我们直接按reset键使计算机重新启动。但对于绝大部分的嵌入式产品，不可能每个产品旁边都有一个人，在系统"跑飞"时手动去按重新启动键使之重新启动，在这种情况下，嵌入式系统中的看门狗就充当了人的作用。由于这种电路需要每隔一段时间就要更新计数器的初值，就如古代的盗窃犯去盗窃时需要隔一段时间就给看门的狗喂一块肉，如果不及时喂肉或者肉喂完了则狗就会叫唤起来一样，所以这种电路被形象地称为看门狗电路。

10.2　STM32F407的看门狗电路

STM32内部设计有两个看门狗，分别是独立看门狗和窗口看门狗，本项目介绍独立看门狗（IWDG）。

如前所述，看门狗电路本质上是一个计数器，只要是计数器就要有计数信号来源，STM32F407的独立看门狗的时钟源是32kHz的RC振荡器，如图10-2所示。由于RC振荡器的精确度较差，故32kHz不是准确的32kHz，而是在15～47kHz中一个可变化的时钟源频率，只是在估算的时候我们采用32kHz。

32kHz的时钟源被使能后还需要经过一个分频器才能进入看门狗的计数器，这点与前面学过的定时器结构类似。独立看门狗的计数器是一个递减计数器，计数到0时会引起复位。

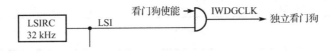

图10-2　STM32F407的独立看门狗的时钟源

10.3　独立看门狗相关的寄存器

独立看门狗的学习比较简单，只要熟悉了它的寄存器的作用，即可写出应用独立看门狗的简单的应用程序，下面我们列出这些寄存器的位定义并说明其意义。

1. 秘钥寄存器（IWDG_KR）

秘钥寄存器在《STM32中文参考手册》中称为关键字寄存器，但从内容描述来看，称为秘钥寄存器更加合适。秘钥寄存器的各位的位定义如图10-3所示。

31 30 29 28 27 26 25 24 23 22 21 20 19 18 17 16	15 14 13 12 11 10 9 8 7 6 5 4 3 2 1 0
Reserved	KEY[15:0]
	w w w w w w w w w w w w w w w w

图10-3　秘钥寄存器各位的位定义

秘钥寄存器一共32位，但只使用了低16位，低16的作用如下：写入秘钥0x5555可使能对IWDG_PR（预分频器）和IWDG_RLR（重装载值寄存器）的访问；写入0xcccc可启动看门狗；启动计数后，必须每隔一段时间通过软件对这些位写入0xaaaa（"喂狗"），否则当计数器计数到0时，看门狗会产生复位。

2. 预分频器（IWDG_PR）

预分频器一共32位，但预分频只用了最低的3位PR[2:0]，这3位的值与分频值的关系为$1/(4\times2^{PR})$，比如，当PR[2:0]=000时为4分频，当PR[2:0]=001时为8分频，以此类推。

3. 重装载值寄存器（IWDG_RLR）

重装载值寄存器用于存放看门狗计数器的重新载入值。当对秘钥寄存器KR写入0xaaaa时，RLR的值就会重装载到看门狗计数器中。看门狗处于启动状态时，看门狗计数器便从该值开始递减计数。重装载值寄存器各位的位定义如图10-4所示。

31 30 29 28 27 26 25 24 23 22 21 20 19 18 17 16 15 14 13 12	11 10 9 8 7 6 5 4 3 2 1 0
Reserved	RL[11:0]
	rw rw rw rw rw rw rw rw rw rw rw rw

图10-4　重装载值寄存器各位的位定义

4. 状态寄存器IWDG_SR

看门狗的状态寄存器各位的位定义如图10-5所示。

STM32 程序设计案例教程

31	30	29	28	27	26	25	24	23	22	21	20	19	18	17	16	15	14	13	12	11	10	9	8	7	6	5	4	3	2	1	0
															Reserved															RVU	PVU
																														r	r

图10-5　状态寄存器各位的位定义

由图可见，状态寄存器中只用到低2位，其中bit1为RVU——watchdog counter reload value updata（看门狗计数器重装载值更新位），当重装载值正在更新时，该位由硬件置1，更新完成后该位为0。bit0为PVU——watchdog prescaler value update（看门狗预分频器更新位），预分频器值正在更新时，该位由硬件置1，更新完成后由硬件复位。

独立看门狗的寄存器的起始地址为0x40003000，其寄存器映射和复位值如图10-6所示。

偏移	寄存器	31	30	29	28	27	26	25	24	23	22	21	20	19	18	17	16	15	14	13	12	11	10	9	8	7	6	5	4	3	2	1	0
0x00	IWDG_KR									Reserved												KEY[15:0]											
	Reset value																0	0	0	0	0	0	0	0	0	0	0	0	0	0	0	0
0x04	IWDG_PR										Reserved																			PR[2:0]		
	Reset value																													0	0	0
0x08	IWDG_RLR										Reserved										RL[11:0]											
	Reset value																				1	1	1	1	1	1	1	1	1	1	1	1
0x0C	IWDG_SR											Reserved																			RVU	PVU
	Reset value																														0	0

图10-6　IWDG的寄存器映射和复位值

10.4　独立看门狗的设置、启动及工作流程

由前述对IWDG寄存器的介绍可得对IWDG进行设置、启动步骤如下：

（1）取消对IWDG_PR和IWDG_RLR的写保护，以便往预分频器和重装载值寄存器中写入初值。取消方法是对IWDG的秘钥寄存器写入0x5555，取消预分频器和秘钥寄存器的写保护。

（2）设置PR和RLR的值。下面讲解PR和RLR的值的计算。

由预分频器的位定义可知，看门狗计数器的输入信号频率和32kHz的时钟源频率之间具有如下关系：

$$f_{IWDG} = f_{32kHz} \times 1/(4 \times 2^{PR})$$

由此可得看门狗计数器的输入信号周期为：

$$T_{IWDG} = 4 \times 2^{PR}/T_{32kHz}$$

如果PR=000，则T_{IWDG}=0.125ms，如果要定时1s，则RLR的值应为8000（0x1f40），该值超过了RLR的可装载范围，故不可取；如果PR=011，则T_{IWDG}=1ms，如果要定时1s，则RLR的值应为1000（0x3e8），未超范围，可取，其余计算类似，不再列出。

（3）将RLR的值加载到看门狗计数器。加载方法是往IWDG_KR寄存器中写入0xaaaa。

（4）往看门狗IWDG_KR寄存器中写入0xcccc启动看门狗，此时看门狗计数器将递减计数。

在看门狗启动计数后，如果不在看门狗计数器递减到0之前更新计数器的值，则系统将会复位，所以要定期更新计数器的计数初值（"喂狗"），更新的方法同步骤（3）。

基于以上讨论，可得看门狗的初始化函数和"喂狗"函数，分别如任务10-1中的函数IWDG_Init()和IWDG_Feed()所示。

习　题　10

填空题

（1）看门狗秘钥寄存器的作用是＿＿＿＿＿＿＿＿＿＿＿＿＿＿＿＿＿＿＿＿＿。

（2）看门狗的**IWDG_RLR**寄存器的作用是＿＿＿＿＿＿＿＿＿＿＿＿＿＿＿＿＿＿＿。

（3）独立看门狗的计数器是一个＿＿＿＿＿＿＿（填"递增"或"递减"）计数器。

（4）独立看门狗的时钟源是＿＿＿＿＿＿。

（5）对独立看门狗进行"喂狗"可采用语句＿＿＿＿＿＿＿＿＿＿＿＿＿＿实现。

项目11　认识STM32F407的实时时钟

项目介绍		
实现任务		熟练掌握STM32的实时时钟的工作原理及读写注意事项
知识要点	软件方面	无
	硬件方面	1. 掌握STM32的RTC实时时钟的日历计数时钟源的产生流程； 2. 掌握RTC实时时钟的时钟和日期的写访问流程； 3. 掌握RTC实时时钟的时钟和日期的读访问流程
使用的工具或软件		Keil for ARM、"探索者"开发板和下载器
建议学时		4

任务11-1　认识STM32的RTC

1. 任务目标

设置RTC的时钟和日期初值，然后读出其值并经串口发给PC显示。

2. 电路连接

无。

3. 源程序设计

1）工程的组织结构

工程的组织结构如表11-1所示。

表11-1　任务11-1工程的组织结构

工程名	工程包含的文件夹及文件			
认识 STM32 的RTC	main	main.c，启动文件和工程文件		
	obj	保存编译输出的目标文件和下载到开发板的.hex文件		
	hardware	rtc	rtc.c	定义RTC操作的相关函数
			rtc.h	对rtc.c中的函数进行声明
	system	sys	sys.c	定义配置GPIO端口功能的函数，定义配置时钟系统函数
			sys.h	声明sys.c中的函数，定义引脚编号、引脚功能选择项、地址转换等
			stm32f407.h	1. 将RCC、FLASH、PWR、GPIO、RTC相关寄存器封装进结构体； 2. 定义入口地址
		usart	usart.c	定义串口传输相关函数
			usart.h	对usart.c中的函数进行声明
		delay	delay.c	定义延迟函数
			delay.h	对delay.c中的延迟函数进行声明

2）源程序

整个工程直接在任务7-1（串口数据收发）基础上修改得到，故只列出一些改动部分。

（1）main.c

```
#include "stm32f407.h"
#include "sys.h"
#include "usart.h"
#include "rtc.h"
#include "delay.h"
void bcd2str(u8 hy,u8 mm, u8 ds, u8 wm,u8 *p);
int main(void)
{
    u16 t=0;
    u8 hour=0,min=0,sec=0,ampm=0,year=0,month=0,date=0,week=0;
    u8 timestr[10]= "xx:xx:xx";
    u8 datestr[14] = "xx/xx/xx x ";
    Stm32_Clock_Init(336,8,2,7);
    USART_Init(84,115200);
    RTC_Init();                        //初始化RTC
    while(1)
    {
        t++;
        if((t%10)==0)                   //每1s更新一次显示数据
        {
            RTC_Get_Time(&hour,&min,&sec,&ampm);
            bcd2str(hour,min, sec, ampm,timestr);
            SendString(timestr);
            SendString("\r\n");          //换行
            RTC_Get_Date(&year,&month,&date,&week);
            bcd2str(year,month, date, week,datestr);
            SendString(datestr);
            SendString("\r\n");          //换行
        }
        Delay_ms(100);
    }
}
//将读出的年、月、日、时、分、秒等的BCD码加入到字符串中
void bcd2str(u8 hy,u8 mm, u8 ds, u8 wm,u8 *p)
{
    p[0]=(u8)(hy>>4)+'0';
    p[1]=(u8)(hy&0xf)+'0';
    p[3]=(u8)(mm>>4)+'0';
    p[4]=(u8)(mm&0xf)+'0';
    p[6]=(u8)(ds>>4)+'0';
    p[7]=(u8)(ds&0xf)+'0';
    p[9]=wm+'0';
}
```

（2）rtc.c

```
#include "rtc.h"
#include "led.h"
#include "delay.h"
#include "stm32f407.h"

//等待RSF同步
//返回值：0，成功；1，失败
```

```
u8 RTC_Wait_Synchro(void)
{
    u32 retry=0XFFFFF;
    //关闭RTC寄存器写保护
    RTC->WPR=0xCA;
    RTC->WPR=0x53;
    RTC->ISR&=~(1<<5);                              //清除RSF位
    while(retry&&((RTC->ISR&(1<<5))==0x00))         //等待影子寄存器同步
    {
        retry--;
    }
    if(retry==0)return 1;                           //同步失败
    RTC->WPR=0xFF;                                  //使能RTC寄存器写保护
    return 0;
}
//进入RTC初始化模式
//返回值：0，成功；1，失败
u8 RTC_Init_Mode(void)
{
    u32 retry=0X10000;
    if(RTC->ISR&(1<<6))return 0;
    RTC->ISR|=1<<7;                                 //进入RTC初始化模式
    while(retry&&((RTC->ISR&(1<<6))==0x00))         //等待进入RTC初始化模式成功
    {
        retry--;
    }
    if(retry==0)return 1;                           //同步失败
    else return 0;                                  //同步成功
}
//RTC时间设置
//hour、min、sec：时、分、秒
//am/pm：AM/PM，0=AM/24H，1=PM
//返回值：0，成功
//       1，进入初始化模式失败
u8 RTC_Set_Time(u8 hour,u8 min,u8 sec,u8 ampm)
{
    u32 temp=0;
    RTC->WPR=0xCA;
    RTC->WPR=0x53;                                  //关闭RTC寄存器写保护
    if(RTC_Init_Mode())return 1;                    //进入RTC初始化模式失败
    temp=((ampm&0X01)<<22)|(hour<<16)|(min<<8)|sec;
    RTC->TR=temp;
    RTC->ISR&=~(1<<7);                              //退出RTC初始化模式
    return 0;
}
//RTC日期设置
//year、month、date：年（0~99）、月（1~12）、日（0~31）
//week：星期（1~7，0非法！）
//返回值：0，成功
//       1，进入初始化模式失败
u8 RTC_Set_Date(u8 year,u8 month,u8 date,u8 week)
{
    u32 temp=0;
    RTC->WPR=0xCA;
    RTC->WPR=0x53;                                  //关闭RTC寄存器写保护
    if(RTC_Init_Mode())return 1;                    //进入RTC初始化模式失败
    temp=((week&0X07)<<13)|(year<<16)|(month<<8)|date;
```

```
        RTC->DR=temp;
        RTC->ISR&=~(1<<7);                          //退出RTC初始化模式
        return 0;
}
void RTC_Get_Time(u8 *hour,u8 *min,u8 *sec,u8 *ampm)
{
        u32 temp=0;
        while(RTC_Wait_Synchro());                  //等待同步
        temp=RTC->TR;
        *hour=(temp>>16)&0X3F;
        *min=(temp>>8)&0X7F;
        *sec=temp&0X7F;
        *ampm=temp>>22;
}
void RTC_Get_Date(u8 *year,u8 *month,u8 *date,u8 *week)
{
        u32 temp=0;
        while(RTC_Wait_Synchro());                  //等待同步
        temp=RTC->DR;
        *year=(temp>>16)&0XFF;
        *month=(temp>>8)&0X1F;
        *date=temp&0X3F;
        *week=(temp>>13)&0X07;
}
//RTC初始化
//返回值: 0,初始化成功
//        1,LSE开启失败
//        2,进入初始化模式失败
u8 RTC_Init(void)
{
        u16 retry=0X1FFF;
        RCC->APB1ENR|=1<<28;                        //使能电源接口时钟
        PWR->CR|=1<<8;                              //后备区域访问使能（RTC+SRAM）
        RCC->BDCR|=1<<0;                            //LSE开启
        while(retry&&((RCC->BDCR&0X02)==0))         //等待LSE准备好
        {
            retry--;
            Delay_ms(5);
        }
        if(retry==0)return 1;                       //LSE 开启失败
        RCC->BDCR|=1<<8;                            //选择LSE作为RTC的时钟
        RCC->BDCR|=1<<15;                           //使能RTC时钟
        //关闭RTC寄存器写保护
        RTC->WPR=0xCA;
        RTC->WPR=0x53;
        if(RTC_Init_Mode())return 2;               //进入RTC初始化模式
        RTC->PRER=0XFF;
        //RTC同步分频系数（0~7FFF），必须先设置同步分频，再设置异步分频
        RTC->PRER|=0X7F<<16;                        //RTC异步分频系数（1~0X7F）
        RTC->CR&=~(1<<6);                           //RTC设置为24小时格式
        RTC->ISR&=~(1<<7);                          //退出RTC初始化模式
        RTC->WPR=0xFF;                             //使能RTC寄存器写保护
        RTC_Set_Time(0x18,0x46,0x37,0);            //设置时间：18时46分37秒
        RTC_Set_Date(0x18,0x11,0x05,2);            //设置日期：2018年11月5日
        return 0;
}
```

（3） rtc.h

```
#ifndef _RTC_H_
#define _RTC_H_
    #include "sys.h"
    u8 RTC_Wait_Synchro(void);
    u8 RTC_Init_Mode(void);
    u8 RTC_Set_Time(u8 hour,u8 min,u8 sec,u8 ampm);
    u8 RTC_Set_Date(u8 year,u8 month,u8 date,u8 week);
    void RTC_Get_Time(u8 *hour,u8 *min,u8 *sec,u8 *ampm);
    void RTC_Get_Date(u8 *year,u8 *month,u8 *date,u8 *week);
    u8 RTC_Init(void);
#endif
```

（4） stm32f407.h

在stm32f407.h中添加RTC模块的寄存器的数据结构，并定义RTC模块的地址，即在头文件stm32f407.h中添加如下内容：

```
typedef struct
{
    volatile u32 TR;
    volatile u32 DR;
    volatile u32 CR;
    volatile u32 ISR;
    volatile u32 PRER;
    volatile u32 WUTR;
    volatile u32 CALIBR;
    volatile u32 ALRMAR;
    volatile u32 ALRMBR;
    volatile u32 WPR;
    volatile u32 SSR;
    volatile u32 SHIFTR;
    volatile u32 TSTR;
    volatile u32 TSDR;
    volatile u32 TSSSR;
    volatile u32 CALR;
    volatile u32 TAFCR;
    volatile u32 ALRMASSR;
    volatile u32 ALRMBSSR;
    u32 RESERVED7;
    volatile u32 BKP0R;
    volatile u32 BKP1R;
    volatile u32 BKP2R;
    volatile u32 BKP3R;
    volatile u32 BKP4R;
    volatile u32 BKP5R;
    volatile u32 BKP6R;
    volatile u32 BKP7R;
    volatile u32 BKP8R;
    volatile u32 BKP9R;
    volatile u32 BKP10R;
    volatile u32 BKP11R;
    volatile u32 BKP12R;
    volatile u32 BKP13R;
    volatile u32 BKP14R;
    volatile u32 BKP15R;
    volatile u32 BKP16R;
```

```
            volatile u32 BKP17R;
            volatile u32 BKP18R;
            volatile u32 BKP19R;
        } RTC_TypeDef;                          //RTC寄存器组织
        #define RTC ((RTC_TypeDef*)0X40002800)  //定义RTC的首地址
```

　　最后要记得配置rtc.h头文件的路径及将rtc.c添加进工程。将程序编译链接后，打开PC端的串口软件并打开其中的串口，在正确设置好通信双方的波特率后可得结果如11-1所示。

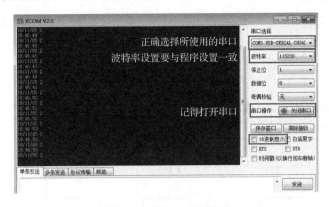

图11-1　任务11-1结果图

11.1　RTC实时时钟介绍

　　实时时钟RTC（Real Time Clock）是指给日期及时间计数器累加的时钟，时钟源频率通常为32768Hz。实时时钟、系统时钟和CPU时钟是3个不同的概念，系统时钟是指单片机内部的主时钟，是各个模块工作时钟的时钟源。CPU时钟是指系统时钟经过CPU的PLL后得到的时钟。在一般的低速单片机系统中，系统时钟和CPU时钟频率基本相等；在高速单片机系统中，CPU时钟比系统时钟频率高得多。而实时时钟只有在需要日期时间的系统中才有，并且是频率最低的。使用系统时钟的目的是高速、稳定，而使用实时时钟的目的是低功耗、精确。

11.2　STM32的RTC的工作原理

　　与看门狗类似，RTC本质上是一个定时器/计数器（BCD计数器）。STM32F4的RTC包含一个日历时钟、两个可编程闹钟、一个低功耗的自动唤醒单元等电路，本项目只介绍日历时钟部分。

　　STM32F4的RTC可以自动将月份的天数补偿为28、29、30和31，并且可以进行夏令时补偿。RTC模块位于后备区域，只要后备区域供电正常，则在系统复位或从待机模式唤醒后RTC的设置及时间保持不变。但是系统复位后会自动禁止访问后备寄存器和RTC，以防止对后备区域的意外操作，故在设置时间之前要先取消对备份区域（BKP）写保护。

　　下面结合图11-2来介绍STM32F4的RTC的工作原理。

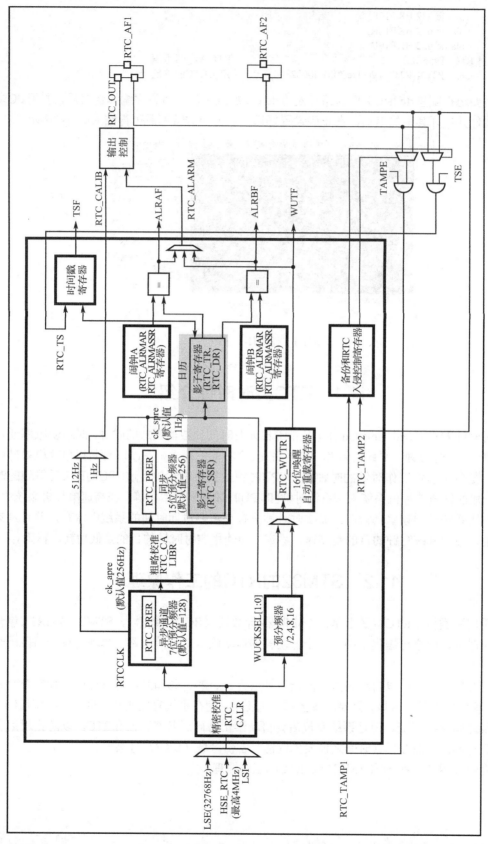

图11-2　STM32F4的RTC的工作原理

1. RTC的时钟系统

由图11-2可见，STM32F4的RTC时钟源可以来自于LSE、HSE_RTC和LSI，一般我们选择LSE，即外部的32.867kHz晶振作为时钟源（RTCCLK）。RTCCLK经过异步通道的7位预分频器分频（默认128分频，即f_{ck_apre}=256Hz）后经过粗略校准进入同步通道的15位预分频器分频（默认256分频，即f_{ck_spre}=1Hz），最后得到日历时钟的输入信号。为便于学习，我们将该信号路径重画，如图11-3所示。

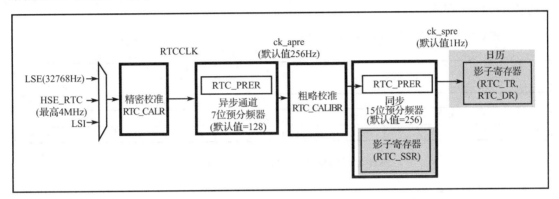

图11-3　RTC日历时钟信号来源框图

在图11-3中，异步分频和同步分频的分频系数都在预分频器RTC_PRER中设置，RTC_PRER中各位的位定义如图11-4所示。

31	30	29	28	27	26	25	24	23	22	21	20	19	18	17	16
\multicolumn{9}{Reserved}									PREDIV_A[6:0]						
									rw	rw	rw	rw	rw	rw	rw
15	14	13	12	11	10	9	8	7	6	5	4	3	2	1	0
Res.	PREDIV_S[14:0]														
	rw	rw	rw	rw	rw	rw	rw	rw	rw	rw	rw	rw	rw	rw	rw

图11-4　RTC_PRER中各位的位定义

由图11-4可知，异步通道的分频由PREDIV_A[6:0]控制，异步通道的分频输出f_{ck_apre}和输入f_{rtcclk}的关系如下：

$$f_{ck\_apre}=f_{rtcclk}/(PREDIV\_A+1)$$

由于RTC_PRER复位后的值为0x7f00ff，所以异步通道的默认分频值为128。同步通道的分频由PREDIV_S[14:0]控制，同步通道分频输出的信号f_{ck_spre}、输入信号f_{ck_apre}和分频系数PREDIV_S的关系为：

$$f_{ck\_spre}=f_{ck\_apre}/(PREDIV\_S+1)$$

PREDIV_S的默认值为256。如无特殊情况，建议采用默认值，此时日历时钟的输入信号周期为1Hz。

仔细观察图11-3会发现，时间寄存器RTC_TR和日期寄存器RTC_DR用阴影覆盖，上面标有影子寄存器。这是因为RTC_TR和RTC_DR物理上有两个寄存器，一个是面向程序员的预装载寄存器，一个是影子寄存器，对输入时钟信号更新其值的是影子寄存器，对RTC_TR和RTC_DR进行读操作时读出的也是影子寄存器的内容。

2. RTC日历时钟模块相关寄存器

（1）时间寄存器

时间寄存器RTC_TR各位的位定义如图11-5所示。各位段含义如下：SU为秒的个位，ST为秒的十位；MNU为分钟的个位，MNT为分钟的十位；HU为小时的个位，HT为小时的十位；PM为小时制，=0为AM/24小时制，=1为PM/24小时制。注意，该寄存器为BCD码寄存器，赋值时要先将十进制数转为BCD码再赋值。比如，要将当期时间设置为20:28:30，则应采用如下方式赋值给TR寄存器：

RTC->TR = (0x20<<16)|(0x28<<8)|0x30;

31	30	29	28	27	26	25	24	23	22	21	20	19	18	17	16
				Reserved					PM	HT[1:0]		HU[3:0]			
									rw	rw	rw	rw	rw	rw	rw
15	14	13	12	11	10	9	8	7	6	5	4	3	2	1	0
Reserved	MNT[2:0]			MNU[3:0]				Reserved	ST[2:0]			SU[3:0]			
	rw	rw	rw	rw	rw	rw	rw		rw	rw	rw	rw	rw	rw	rw

图11-5　时间寄存器RTC_TR各位的位定义

（2）日期寄存器

日期寄存器RTC_DR各位的位定义如图11-6所示，各位段含义如下：DU为日期的个位，DT为日期的十位；MU为月的个位，MT为月的十位；WDU为星期几，WDU=1为星期一，WDU=2为星期二，…，WDU=7为星期日；YU为年的个位，YT为年的十位。对RTC_DR的设置与RTC_TR类似，比如，要设置当前日期为18年11月6日星期二，则应采用如下的语句实现：

RTC_DT = (0x18<<16)|(2<<13)|(0x11<<8)|0x06;

31	30	29	28	27	26	25	24	23	22	21	20	19	18	17	16
				Reserved				YT[3:0]				YU[3:0]			
								rw	rw	rw	rw	rw	rw	rw	rw
15	14	13	12	11	10	9	8	7	6	5	4	3	2	1	0
WDU[2:0]			MT	MU[3:0]				Reserved		DT[1:0]		DU[3:0]			
rw	rw	rw	rw	rw	rw	rw	rw			rw	rw	rw	rw	rw	rw

图11-6　日期寄存器RTC_DR各位的位定义

（3）RTC控制寄存器

RTC控制寄存器RTC_CR各位的位定义如图11-7所示，本项目中只用到FMT和BYPSHAD，其中，FMT为小时格式选择位，一般设置为0，选择24小时制；BYPSHAD为旁路影子寄存器，BYPSHAD=0，日历（包括时间和日期值）直接取自影子寄存器，该影子寄存器每两个RTCCLK周期更新一次。

31	30	29	28	27	26	25	24	23	22	21	20	19	18	17	16
				Reserved				COE	OSEL[1:0]		POL	COSEL	BKP	SUB1H	ADD1H
								rw	rw	rw	rw	rw	rw	rw	rw
15	14	13	12	11	10	9	8	7	6	5	4	3	2	1	0
TSIE	WUTIE	ALRBE	ALRAIE	TSE	WUTE	ALRBE	ALRAE	DCE	FMT	BYPSHAD	REFCKON	TSEDGE	WUCKSEL[2:0]		
rw	rw	rw	rw	rw	rw	rw	rw	rw	rw	rw	rw	rw	rw	rw	rw

图11-7　RTC控制寄存器各位的位定义

（4）RTC初始化和状态寄存器

RTC的初始化和状态寄存器RTC_ISR各位的位定义如图11-8所示，本项目中用到的位段作用为：bit7的INIT位段，INIT=0说明RTC运行于自由运行模式，INIT=1说明RTC运行于初始化模式，初始化模式用于给时间寄存器、日期寄存器和预分频器编程初值；bit6的INITF位段，INITF=0不允许更新日历寄存器，=1允许更新日历寄存器；bit5的RSF位段，RSF=0日历影子寄存器尚未同步，RSF=1日历影子寄存器已同步。

31	30	29	28	27	26	25	24	23	22	21	20	19	18	17	16
							Reserved								RECAL PF
															r

15	14	13	12	11	10	9	8	7	6	5	4	3	2	1	0
Res.	TAMP 2F	TAMP 1F	TSOVF	TSF	WUTF	ALRBF	ALRAF	INIT	INITF	RSF	INITS	SHPF	WUT WF	ALRB WF	ALRA WF
	rc_w0	rc_w0	rc_w0	rc_w0	rc_w0	rc_w0	rc_w0	rw	r	rc_w0	r	rc_w0	r	r	r

图11-8　RTC初始化和状态寄存器RTC_ISR各位的位定义

（5）RTC预分频器（略）

（6）RTC的写保护寄存器

RTC_WPR只有低8位有效，这8位为写保护关键字。上电复位后，所有的RTC寄存器均受到写保护，只有向写保护寄存器RTC_WPR中写入秘钥才能对RTC的寄存器进行写操作。向RTC_WPR写入秘钥步骤为：

① 将0xCA写入RTC_WPR寄存器中；

② 将0x53写入RTC_WPR寄存器中。

具体可用如下的语句实现：

```
RTC->WPR=0xCA;
RTC->WPR=0x53;                    //关闭写保护
```

写入时如果写入错误的秘钥则RTC的写保护会被激活，需重新解锁才能对RTC的时间、日期等寄存器写入。

另外需要注意的是，系统复位后必须先将PWR电源控制寄存器PWR_CR的DBP位置1才能使能RTC寄存器的访问，包括解锁RTC_WPR。DBP控制位位于PWR_CR的第8位，故可用如下的语句对其置1：

```
PWR->CR|=1<<8;                    //使能对后备区域的访问
```

11.3　STM32的RTC的操作步骤

1. 日历的初始化

要往时间和日期寄存器中设置初值，需按照如下的步骤来进行：

（1）使RTC进入初始化模式。在初始化模式下，日历计数器停止并允许更新其值。使RTC进入初始化模式步骤如下：

```
RTC->ISR|=1<<7;                   //使RTC进入初始化模式
while((RTC->ISR&(1<<6))==0);      //等待RTC进入初始化模式
```

（2）给预分频器RTC_PRER赋初值。这里要注意，哪怕只是更改预分频器中同步通道和异步通道的分频系数中的一个，也要对预分频器执行两次写访问，而且是先设置同步分频，然后再设置异步分频，参考示例如下：

```
RTC->PRER=0XFF;                //RTC同步分频系数（0~7FFF），分频值为0XFF+1
RTC->PRER|=0X7F<<16;           //RTC异步分频系数（1~0X7F），分频值为0X7F+1
```

（3）往RTC_TR和RTC_DR的影子寄存器中加载初始时间和日期，并通过RTC_CR寄存器中的FMT位配置时间格式是12小时制还是24小时制。

（4）退出初始化模式。通过对INIT位清0来退出初始化。

比如，要对时间寄存器进行初始化，可采用如下的步骤进行：

```
u32 temp=0;
RTC->WPR=0xCA;
RTC->WPR=0x53;                 //解锁对RTC寄存器的写保护
if(RTC_Init_Mode()) return 1;  //进入RTC初始化模式
temp=((ampm&0X01)<<22)|(hour<<16)|(min<<8)|sec;
RTC->TR=temp;                  //设置RTC_TR的值
RTC->ISR&=~(1<<7);             //退出RTC初始化模式
```

上述语句中，函数RTC_Init_Mode()的作用是使RTC进入初始化模式，其工作流程为：

```
u8 RTC_Init_Mode(void)        //返回0说明已经进入初始化模式
{
（1）先判断RTC是否处于可更新日历寄存器的模式中，如果可以，返回0
（2）如果RTC未处于初始化模式，则执行语句"RTC->ISR|=1<<7;"使之进入初始化模式
（3）读取RTC->ISR的bit6位并判断，如果该位已置1说明RTC初始化成功，可以对RTC_TR和
RTC_DR等寄存器进行写访问
}
```

详细代码可参考任务11-1中的同名函数。对RTC_DR寄存器的写操作步骤与上面类似，不再列出。

2. 读取日历中的值

要正确读取RTC日历寄存器中的值，要求APB1的时钟频率必须大于或等于RTC时钟频率的7倍。如果APB1的时钟频率低于RTC时钟频率的7倍，则软件必须分两次读取日历中的时间寄存器和日期寄存器的值，并对这两个值进行比较，只有相同时才能保证数据的准确性，否则必须进行第三次访问。

一般情况下，APB1的时钟频率都大于RTC时钟频率的7倍，故进行一次读取即可。由于系统每次将日历寄存器中的值复制到影子寄存器中时，RTC->ISR中的RSF位都会被置1，故要读取影子寄存器中的值时每次都需要先判断该位是否为1，为1说明日历寄存器中的值与影子寄存器中的值相同，读数正确。基于此分析可得读取日历寄存器中的值的流程如下：

```
u32 void RTC_Get_Time(形式参数列表)
{
// （1）解除对ISR寄存器的写保护
// （2.1）清除RSF位
// （2.2）等待影子寄存器同步
// （2.3）激活写保护
// （3）读日历寄存器的值
}
```

具体代码可参考任务11-1中的同名函数。

习　题　11

1. 填空题

（1）STM32的实时时钟RTC本质上是一个_____。

（2）RTC的时钟源有3个，一般采用_____作为RTC的时钟源。

（3）RTC_PRER复位后的值是_____，故RTC计数器的输入信号默认是_____。

（4）设置RTC的RTC_TR和RTC_DR寄存器时，要先将写保护取消，将写保护取消可采用语句_____实现。

（5）要使能对RTC寄存器的访问，必须先将PWR电源控制寄存器PWR_CR的DBP位置____。

2. 思考题

试写出设置RTC的日历寄存器的初始化流程。

项目12 STM32迷你开发板电路设计

项目介绍		
实现任务		设计一个mini开发板，引出各I/O引脚
知识要点	软件方面	无
	硬件方面	掌握STM32的时钟电路、复位电路等的设计
使用的工具或软件		AD9
建议学时		2

在本项目中，我们将学习STM32的开发板设计，目标是设计出一款适合自己的迷你开发板来进行基于STM32的学习和开发。这里将会涉及STM32最小系统板的设计，之所以不像学习单片机那样在一开始就介绍STM32的最小系统板而是留到现在来学习，原因在于STM32是一颗比较复杂的处理器，它里面资源众多，如果一开始就带大家来学习，有可能使学习效果适得其反，让大家丧失了信心。鉴于此，我们是在对它进行了较多的实验，对它的使用有了一个初步的认识之后再来学习它的硬件层面的东西。

下面我们来看STM32最小系统板的设计，STM32采用的是STM32F407ZGT6。STM32的最小系统板包含时钟电路、复位电路、电源电路、下载电路等。为了让最小系统板能够做比较多的工作，还加上了启动选择电路、测试模块电路、串口电平转换电路等，并且引出了几乎全部的I/O引脚。下面对这些电路分别进行介绍。

扫一扫看
电路介绍
（1）

1. 时钟电路

时钟电路负责为系统内部绝大部分的模块提供节拍，由前面对时钟系统的介绍我们知道，该电路的晶振频率范围可选择4～26MHz，这里我们采用8MHz。具体的时钟电路如图12-1所示。

2. 复位电路

STM32的复位有3种类型，分别是系统复位、电源复位和备份域复位。系统复位时，除了时钟控制寄存器CSR中的复位标志和备份域中的寄存器，其他的寄存器全部被复位为默认值。产生系统复位的方式有多种，这里我们介绍由NRST引脚低电平引起的复位，这种复位我们叫外部复位，其电路如图12-2所示。

由图可见，当按下RESET键时，RESET引脚（NRST）将会变为低电平，从而引起系统复位。

3. 电源电路

STM32采用的是3.3V供电，但板子供电电源的输出电压却有多种。为了获得3.3V的供电电压，我们将电源电路分为两部分设计，一部分是5V电压产生电路，另一部分是3.3V电压产生电路。其中5V电压产生电路的核心是一颗MP2359芯片；3.3V电压产生电路的核心是一颗3.3V的电压转换芯片。5V电压产生电路和3.3V电压产生电路分别如图12-3和图12-4所示。

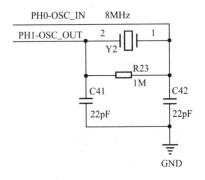

图12-1　时钟电路

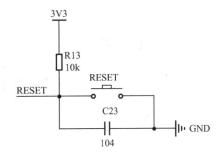

图12-2　外部复位电路图

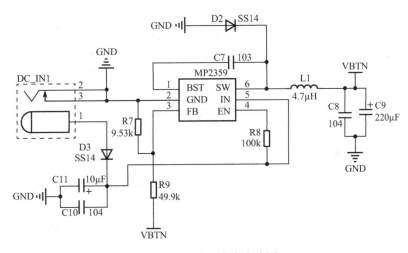

图12-3　5V电压产生电路图

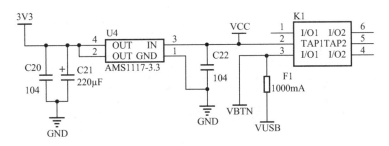

图12-4　3.3V电压产生电路图

扫一扫看
电路介绍
（2）

4. 串口下载电路

STM32F4的程序下载可以通过串口来进行，也可以通过JTAG接口来进行。通过串口下载的电路如图12-5所示。串口下载电路的核心是一颗MAX232电平转换芯片，需要进行电平转换的原因在于PC端串口电平是高电平-12V，低电平+12V，跟STM32的串口电平不一致，所以需要用MAX232将这个电平转换为STM32的串口的电平。我们在项目1中介绍的使用软件FlyMcu来下载即为串口下载。

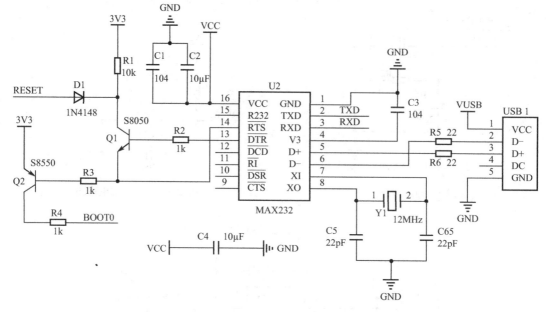

图12-5　串口下载电路

5. JTAG接口下载电路

除了使用串口，还可以使用JTAG接口下载程序到开发板上，且JTAG接口的速度更快。使用JTAG接口下载的步骤非常简单，大家可以自行尝试。JTAG接口电路如图12-6所示。JTAG有10pin、14pin和20pin的，在这里使用的是20pin的。在JTAG接口中，要注意除了JTCK引脚，其他引脚都需要采用电阻上拉。

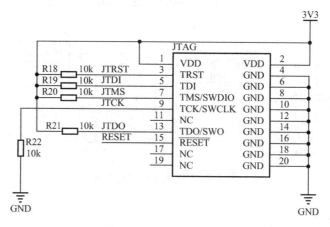

图12-6　JTAG接口电路

6. 测试模块电路

介绍完下载电路后我们来看测试模块电路。测试模块电路我们只提供了2颗LED灯供使用，大家可以根据个人情况进行扩展。这2颗LED灯，一个接PF9引脚，另一个接PF10引脚，都采用共阳接法，具体如图12-7所示。

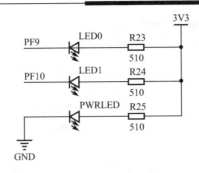

图12-7　测试电路

7. I/O引脚引出电路

为了方便大家测试和练习,除了测试电路我们还引出了几乎全部的I/O引脚,具体如图12-8所示。

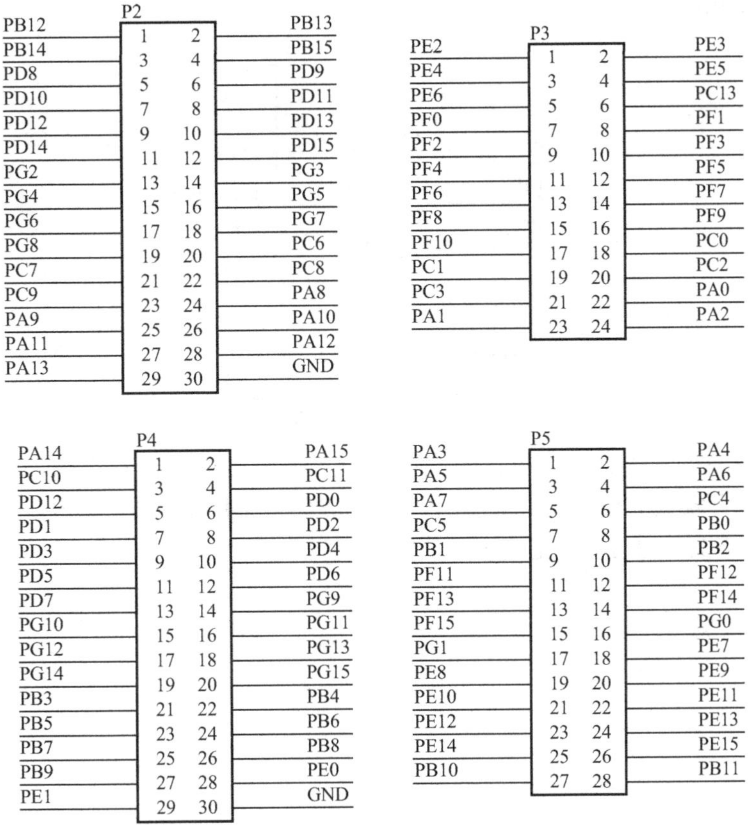

图12-8　引出的I/O引脚

8. STM32的启动选择电路设计

扫一扫看
电路介绍
(3)

STM32的启动方式有3种,下面简单介绍一下。

第一种是从芯片内置的Flash启动,这种是正常的启动方式。平时我们下载程序就是下载到STM32的内部Flash,然后启动时也是从这里启动的。这种方式的启动地址是0x08000000。

采用这种方式启动时需要配置BOOT0=0。

第二种是从系统存储器启动。系统存储器是芯片内部一块特定的区域，STM32在出厂时，由ST公司在这个区域内部预置了一段BootLoader，也就是我们常说的ISP程序，这是一块ROM，出厂后无法修改。一般来说，我们选用这种启动方式，是为了从串口下载程序，因为在厂家提供的BootLoader中，提供了串口下载程序的固件，可以通过这个BootLoader将程序下载到系统的Flash中。这种方式的启动地址是0x1FFF0000。采用这种方式启动时需要配置BOOT0=1，BOOT1=0。

第三种是从SRAM启动。这种方式一般用于程序调试。调试时我们经常需要简单修改一下代码，如果使用Flash，则需重新擦除整个Flash，然后再执行并观察结果。这样做比较费时，这时可以考虑从这种方式启动，将程序加载到SRAM中进行调试。这种方式的启动地址是0x20000000。采用这种方式启动时需要配置BOOT0 = 1，BOOT1 = 1。

在这里说明一下，BOOT0为STM32F407ZGT6的第138引脚，BOOT1为第48引脚。

为了方便大家在这三种方式间切换，我们设计了如图12-9所示的电路，通过短路帽来选择对应的启动方式。

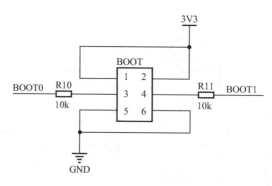

图12-9　启动方式选择电路

一般是用短路帽，将图12-9中的3和5短路，然后采用第一种启动方式。

关于STM32开发板的设计我们就介绍到这里，STM32F407ZGT6引脚很多，大家可以自行查询附录A中电路图获得这部分电路设计的信息。

项目13 认识ARM处理器

项目介绍		
实现任务	掌握SRAM的内存分配	
知识要点	软件方面	无
	硬件方面	1. 了解Cortex-M4的寄存器； 2. 熟悉SRAM的内存分配
使用的工具或软件	Keil for ARM	
建议学时	4	

ARM公司是全球领先的半导体知识产权提供商。全世界超过95%的智能手机和平板电脑都采用ARM架构。ARM设计了大量高性价比、低能耗的RISC处理器，以及相关技术、软件。2015年基于ARM技术的芯片的全年全球出货量是150亿颗。从诞生到现在，基于ARM技术的芯片已生产超过1250亿颗。在智能机、平板电脑、嵌入式控制、多媒体技术等领域，基于ARM技术的芯片拥有主导地位。

ARM处理器的种类很多，从手机上的高端处理器到小微控制器，大部分都是ARM处理器。

早期的时候，ARM处理器使用后缀表明特性。例如ARM7TDMI，T表示支持Thumb指令，D表示JTAG，M表示快速乘法器，I则表示ICE模块。近年来，ARM重新统一了处理器的命名方式，统一使用Cortex。Cortex处理器分为3类，具体为：

Cortex-A系列：应用处理器，面向需要处理高端嵌入式系统的复杂应用；

Cortex-R系列：实时高性能处理器，面向较高端的实时市场；

Cortex-M系列：低成本低功耗处理器，面向微控制器和混合信号设计等小型应用。

不同系列的处理器使用不同版本的架构，其中Cortex-A系列采用ARMv-7架构，Cortex-R系列采用ARMv7-R架构，Cortex-M系列采用ARMv7-M和ARMv6-M架构。本书学习的Cortex-M4采用ARMv7-M架构。

13.1 架 构 简 介

Cortex-M3和Cortex-M4处理器都是基于ARMv7-M架构的。不过在发布Cortex-M4时，架构中额外增加了新的指令和特性，改进后的架构称为ARMv7E-M。

13.2 Cortex-M4的操作状态、工作模式和访问等级

1. 操作状态

Cortex-M4有两种操作状态，分别是调试状态和Thumb状态。其中调试状态为处理器被暂停后进入的状态。利用调试器触发断点单步执行时的状态即为调试状态。Thumb状态为处理

器执行代码的状态。原来的ARM处理器支持两种指令——ARM指令和Thumb指令，但在Cortex-M处理器中已经不支持ARM指令，只支持使用Thumb指令，故这种状态称为Thumb状态。

2. 工作模式

Cortex-M4支持两种工作模式，分别是处理模式和线程模式，其中处理模式是执行中断服务程序等异常处理时的模式。而线程模式则是执行普通的程序代码的模式。

3. 访问等级

Cortex-M4支持两种访问等级，分别是特权级和用户级。两种访问等级是对存储器访问提供的一种保护机制。在特权级下，程序可以访问所有范围的存储器，并且能够执行所有指令；在用户级下，不能访问系统控制空间（SCS，包含配置寄存器及调试组件的寄存器），且禁止使用MSR访问特殊功能寄存器（APSR除外），如果访问，则产生错误。

在线程模式下，访问等级可以是特权级，也可以是用户级；处理模式则总是特权级的；在复位后，处理器处于线程模式+特权级。

访问等级由特殊寄存器中的控制器寄存器控制。软件可将处理器从特权级转换到非特权级，但反之则无法直接转换，需要借助一定的溢出机制。上电后，默认处于特权线程模式下的Thumb状态。

13.3 数 据 长 度

ARM处理器支持下列数据类型：
（1）字节型数据（Byte），宽度为8bit；
（2）半字数据类型（half word），数据宽度为16bit；
（3）字数据类型（word），数据宽度为32bit。

13.4 存储器大小端

目前，各种不同的计算机体系结构中采用的存储机制主要有两种：大端和小端。大端指的是高字节的数据放在低地址存储单元中，低字节的数据放在高地址存储单元中，这种方式符合人类思维。小端则指的是低字节的数据放在低地址存储单元中，高字节的数据放在高地址存储单元中，这种方式更符合计算机思维。

例如，将字0xEF34 5678存放到存储器0x2000 2000～0x2000 2003地址处，采用大端格式存储时的地址及其对应的数据如表13-1所示，采用小端格式存储时的地址及其对应的数据如表13-2所示。

表13-1 采用大端格式存储时的地址及其对应数据

地址	0x2003	0x2002	0x2001	0x2000
数据	0x78	0x56	0x34	0xEF

表13-2 采用小端格式存储时的地址及其对应数据

地址	0x2003	0x2002	0x2001	0x2000
数据	0xEF	0x34	0x56	0x78

Cortex-M4处理器同时支持小端和大端格式，一般使用小端格式。

13.5 Cortex-M4的寄存器

Cortex-M4为32位处理器内核。该处理器包含如图13-1所示的32位寄存器，具体如下。

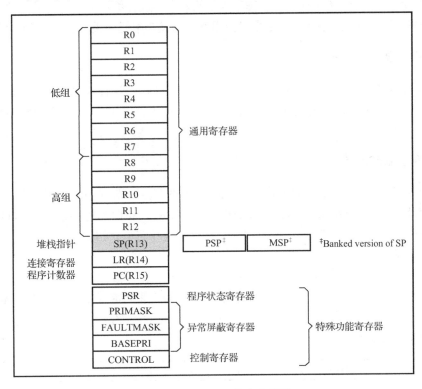

图13-1 Cortex-M4的寄存器组

1. 通用寄存器R0 ~ R12

R0～R12是最具通用性的32位通用寄存器，用于数据操作。32位的Thumb-2指令可以访问所有的通用寄存器。R0～R12又有区分，其中，R0～R7称作低组寄存器，R8～R12称作高组寄存器。绝大多数16位的Thumb指令只能访问R0～R7，但只有很少的16位Thumb指令能访问高组寄存器。无论低组寄存器还是高组寄存器，复位后的初始值都是不可预料的。

2. 堆栈指针R13

Cortex-M4拥有两个堆栈指针，分别是MSP和PSP，共用R13，只不过不能同时访问，引用R13即引用当前使用的指针（MSP or PSP）。MSP为主堆栈指针，复位后缺省使用的堆栈指针，用于操作系统内核以及异常处理例程（包括中断服务例程）；PSP为进程堆栈指针，由用户的应用程序代码使用。堆栈指针的最低两位永远是0，这意味着堆栈总是4字节对齐的。

在ARM编程领域中，凡是打断程序顺序执行的事件，都称为异常（exception）。除了外部中断，当有指令执行了"非法操作"，或者访问被禁的内存区间，因各种错误产生的错误，以及不可屏蔽中断发生时，都会打断程序的执行，这些情况统称为异常。在不严格的上下文中，异常与中断也可以混用。另外，程序代码也可以主动请求进入异常状态（常用于系统调用）。

3. 连接寄存器LR（R14）

当调用一个子程序时，由R14存储返回地址。不像大多数其他处理器，ARM为了减少访问内存的次数，把返回地址直接存储在寄存器中。这样足以使很多只有1级子程序调用的代码无须访问内存（堆栈内存），从而提高了子程序调用的效率。如果多于1级，则需要把前一级的R14值压到堆栈里。在ARM上编程时，应尽量只使用寄存器保存中间结果，迫不得已时才访问内存。

4. 程序计数器PC（R15）

PC全称为程序计数器，用于保存当前的程序地址。修改它的值，就能改变程序的执行。另外，由于Cortex-M4系列采用指令流水线技术，所以如果读PC返回值，则读到的是当前指令的地址+4。

5. 特殊功能寄存器

除了通用寄存器，Cortex-M4的内核还包括三组寄存器，即程序状态寄存器（PSR）、中断屏蔽寄存器组（PRIMASK、FAULTMASK及BASEPRI）和控制寄存器（CONTROL），这三组寄存器称为特殊功能寄存器。下面对这些寄存器进行简单介绍。

（1）程序状态寄存器

程序状态寄存器在其内部又被分成三个子状态寄存器：应用程序状态寄存器PSR（APSR）、中断号状态寄存器PSR（IPSR）、执行状态寄存器PSR（EPSR）。通过MRS和MSR指令，这三个PSR既可以单独访问，也可以组合访问。这些寄存器都是32位的寄存器，它们的位段安排如图13-2所示。

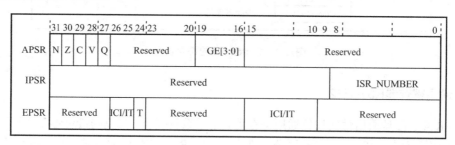

图13-2　APSR、IPSR和EPSR的位段安排

关于PSR寄存器的各位段的描述如表13-3所示。

表13-3　PSR寄存器的各位段描述

位	描　　述
N	负标志
Z	零标志

续表

位	描　述
C	进位（或者借位）标志
V	溢出标志
Q	饱和标志
GE[3:0]	大于或等于标志
ICI/IT	中断继续指令（ICI），IF-THEN指令状态位用于条件执行
T	Thumb状态，总是1，清除此位会引起错误异常
异常编号	表示处理器正在处理的异常

使用MRS指令可以读PSR的所有寄存器。使用MSR指令可以对APSR的N、Z、C、V和Q位进行写操作。关于PSR的更加详细的介绍请参考《STM32F3与F4系列Cortex-M4内核编程手册》中的2.1.3小节。

（2）异常屏蔽寄存器PRIMASK、FAULTMASK和BASEPRI

异常屏蔽寄存器共有三个寄存器，分别是PRIMASK、FAULTMASK和BASEPRI，这三个寄存器的位段安排如图13-3所示。

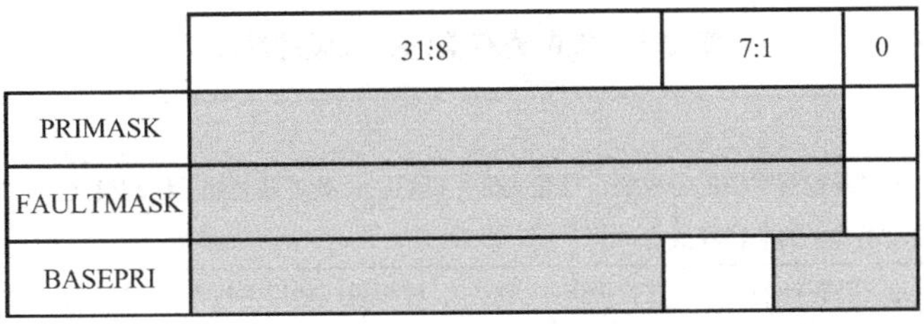

	31:8	7:1	0
PRIMASK			
FAULTMASK			
BASEPRI			

图13-3　异常屏蔽寄存器的各位段（灰色区域表示保留）

图13-3中的灰色部分表示在寄存器中该位段保留，并没有使用。由图13-3可见，特殊功能寄存器中的这三个异常屏蔽寄存器都只使用了其中的1位或几位。关于这三个寄存器的功能描述如表13-4所示。

表13-4　异常屏蔽寄存器的位段功能描述

寄　存　器	功　能　描　述
PRIMASK	只用到bit0位，其他位保留。用于禁止除NMI和HardFault外的所有异常，实际上是将当前优先级改为0（最高可编程优先级）。写入1禁止所有中断，写入0使能中断。默认值为0，表示没有关中断
FAULTMASK	只用到bit0位，其他位保留。用于禁止除NMI外的所有异常。当bit0=1时，只有NMI才能响应，所有其他的异常，包括中断和错误都被屏蔽。默认值为0
BASEPRI	只使用bit3～bit8位，其他位保留。用于设置被屏蔽的优先级的阈值。当它被设置成某个值后，所有优先级号大于等于此值的中断都被关闭（优先级号越大，优先级越低）。但若被设置为0，则不关闭任何中断，默认值为0

这三个寄存器用于控制异常的使能和禁用。只有在特权级下，才允许访问这三个寄存器。对于时间关键任务来说，PRIMASK和BASEPRI对于暂时关闭中断是非常重要的。而FAULTMASK则可以被操作系统用于暂时关闭错误处理机能，这种处理在某个任务崩溃时可能需要。因为在任务崩溃时，常常伴随着大量的错误。在系统处理这些事物时，通常不再需要响应这

些错误。总之FAULTMASK是专门留给操作系统用的。

FreeRTOS对中断的开和关是通过操作BASEPRI寄存器来实现的，即大于等于BASEPRI的值的中断会被屏蔽，小于BASEPRI的值的中断则不会被屏蔽。这样的好处就是用户可以设置BASEPRI的值来选择性地给一些非常紧急的中断留一条后路。

（3）控制寄存器

控制寄存器用于定义特权级别，主要用于选择当前使用哪个堆栈指针。

Cortex-M4处理器的CONTROL寄存器定义了：

① 栈指针的选择（主栈指针/进程栈指针）；

② 线程模式的访问等级（特权级/非特权级）；

③ 有一位表示当前上下文（正在执行的代码）是否使用浮点单元。

控制寄存器的各位段定义如图13-4所示。其各位段功能如表13-5所示。

31:3	2	1	0
CONTROL	FPCA	SPSEL	nPRIV

图13-4　控制寄存器的各位段定义

表13-5　控制寄存器的各位段的功能

位	功　能
nPRIV（第0位）	定义线程模式中的特权级：该位为0时（默认），处理器会处于线程模式中的特权级；为1时，则处于线程模式中的非特权级
SPSEL（第1位）	定义栈指针的选择：该位为0时（默认），线程模式使用主栈指针（MSP）；为1时，线程模式使用进程栈指针（PSP）；处理模式时，该位始终为0且对其的写操作会被忽略
FPCA（第2位）	异常处理机制使用该位确定异常产生时浮点单元中的寄存器是否需要保存；为1时，当前上下文使用浮点指令，需要保存浮点寄存器

13.6　堆和栈的概念

在介绍STM32的存储器的结构时介绍过，STM32的Flash用于存储下载的程序，SRAM用于存储运行程序中的数据。

而SRAM一般又分为以下几个部分：

静态存储区：内存在程序编译的时候就已经分配好了，这块内存在程序的整个运行期间都存在。它主要存放静态数据、全局数据和常量。

栈区：在执行函数时，函数内局部变量的存储单元都可以在栈上创建，函数执行结束时这些存储单元自动释放。栈内存分配运算内置于处理器的指令集中，效率很高，但是分配的内存容量有限，局部变量太大有可能造成栈溢出。

堆区：亦称动态内存分配，是编译器调用动态内存分配的内存区域。程序在运行的时候用malloc或new申请任意大小的内存，程序员自己负责在适当的时候用free或delete释放内存。动态内存的生存期可以由程序员决定，如果程序员不释放内存，程序将在最后释放掉动态内存。但是，良好的编程习惯是：为了防止可能发生的内存泄漏现象，如果某动态内存不再使用，那么将其释放掉。

STM32的栈是向下生长的，也就是由高地址向低地址生长。事实上，一般CPU的栈增长方向，都是向下的。而堆的生长方向，都是向上的。堆和栈，只是它们各自的起始地址和增长方向不同，并没有一个固定的界限，所以一旦堆栈冲突，系统就有可能崩溃。

13.7　内　存　分　配

如前所述，SRAM中的空间分为三个部分，这三个部分从0x20000 000开始的分配依次为：静态存储区+堆区（可有可无）+栈区。所有的全局变量，包括静态变量，全部存储在静态存储区。紧跟静态存储区之后的，是堆区（如没用到malloc，则没有该区），之后是栈区。我们可以使用编译后输出的.map文件来了解Cortex-M4的内存分配，以下简单介绍。

1. 内存分配文件所在位置

编译完工程后，在工程的Listings文件夹里面有一个后缀为.map的文件，这个文件即为内存分配文件。以任务1-1为例（如果没有说明，后续项目都以任务1-1为例进行说明），.map文件的位置如图13-5所示。

图13-5　内存分配文件所在位置

2. 内存分配文件的输出选择

只有在目标选项配置的"Listing"选项卡中勾选"Linker Listing"才会在工程编译完成后输出.map文件，具体如图13-6所示。

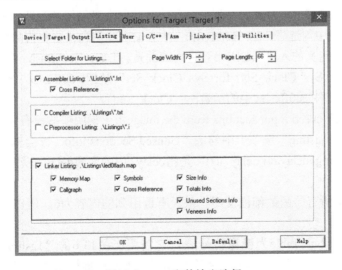

图13-6　.map文件输出选择

3. .map文件中的内容

图13-7给出了内存分配文件的部分内容截图。仔细研究.map文件，可以发现其中内容大致分为五大类（按照.map文件分类的顺序）：

（1）Section Cross References：各函数或段的交叉引用；

（2）Removing Unused input sections from the image：移除未使用的函数或段；

（3）Image Symbol Table：映射符号表；

（4）Memory Map of the image：内存（映射）分布；

（5）Image component sizes：存储组成大小。

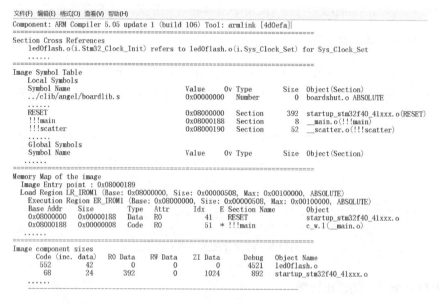

图13-7　.map文件中的内容

以下分别介绍。

（1）Section Cross References为工程中各部分代码的交叉引用的说明。它需要在图13-6中的"Listing"选项卡中勾选"Cross Reference"才会输出此信息，这些信息用来指明各个源文件生成的模块、段（定义的入口）之间相互引用的关系。比如："led0flash.o(i.Stm32_Clock_Init) refers to led0flash.o(i.Sys_Clock_Set) for Sys_Clock_Set"是指led0flash.o文件中的函数Stm32_Clock_Init()引用了文件led0flash.c中的函数Sys_Clock_Set()。

（2）Removing Unused input sections from the image用于说明哪些没有使用的内容被移出。它需要在图13-6的"Listing"选项卡中勾选"Unused Sections Info"才会输出此信息。

比如："Removing delay.o(i.delay_us)"是指delay.c中的函数delay_us没有被使用，从镜像文件中移出。

不过任务1-1中所有的函数都被使用，故没有调用到的内容为0，所以在此.map信息中没有显示该项。

（3）Image Symbol Table为镜像符号表，它需要在图13-6的"Listing"选项卡中勾选"Symbols"才会输出此信息，用来指明各个段所存储的对应地址的表。符号表分为两类，一类是局部符号表（Local Symbols），另一类是全局符号表（Global Symbols）。

局部符号表示例如图13-8所示。

```
Image Symbol Table

Local Symbols
  Symbol Name                    Value       Ov Type    Size  Object(Section)
  RESET                          0x08000000  Section     392  startup_stm32f40_41xxx.o(RESET)
  !!!main                        0x08000188  Section       8  __main.o(!!!main)
  !!!scatter                     0x08000190  Section      52  __scatter.o(!!!scatter)
  !!handler_zi                   0x080001c4  Section      28  __scatter_zi.o(!!handler_zi)
```

图13-8　局部符号表示例

图中，"Symbol Name"为符号名称；"Value"为存储对应的地址；"Ov Type"为符号对应的类型，符号类型大概有几种：Number、Section、Thumb Code、Data等；"Size"为存储大小；"Object（Section）"为段目标，一般指所在模块（所在源文件）。

其中，"RESET 0x08000000 Section 392 startup.stm32f40_41xxx.o(RESET)"是指符号RESET位于文件startup.stm32f40_41xxx.c中，大小为392字节，起始地址为0x08000000，类型为Section，即段（代码段）。

仔细观察，在这个符号表中大家会发现有大量的类似0x0800xxxx、0x2000xxxx的地址。其中，0x0800xxxx指存储在Flash里面的代码（STM32的Flash地址范围为0x0800 0000～0x08FF FFFF，具体可参见项目3中的图3-5）、变量等。0x2000xxxx指存储在内存RAM中的变量和数据等（RAM区域地址范围请参见项目3中的图3-5）。需要注意的是，全局、静态变量等位于0x2000xxxx的内存RAM中。全局符号说明与局部变量说明类似，此处不再赘述。

（4）Memory Map of the image为内存（映射）分布，它需要在图13-6的"Listing"选项卡中勾选"Memory Map"，用来指明各部分的内存分配情况。比如"Image Entry point: 0x08000189"用来指明镜像入口地址；"Load Region LR_IROM1（Base: 0x08000000, Size: 0x00000508, Max: 0x00100000, ABSOLUTE）"指加载区域位于LR_IROM1开始地址0x08000000，大小为0x00000508，这块区域最大为0x00100000。"Execution Region RW_IRAM1（Base: 0x20000000, Size: 0x00000460, Max: 0x00020000, ABSOLUTE）"中的"Execution Region"用于说明这是执行区域，"RW"表示这个区域可读可写，"Base: 0x20000000"说明执行区域中的读写区域的起始地址为0x2000 0000，"Size: 0x00000460"说明该区域大小为0x460，"Max: 0x00020000"说明该区域的最大值为0x20000。执行区域还有一个是"Execution Region ER_IROM1"，这两个区域的起始地址和最大值实际上是在"Target"选项卡中配置的，如图13-9所示。

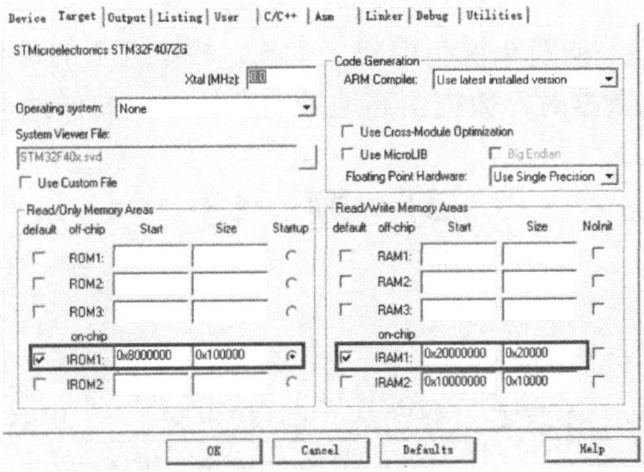

图13-9　内存分配配置

（5）Image component sizes用于对模块进行汇总存储大小信息，它需要在图13-6的"Listing"选项卡中勾选"Size Info"才会输出。我们编译工程后，在编译窗口一般会看到类似如下一段信息：

Program Size: Code=908 RO-data=320 RW-data=0 ZI-data=1024

其中，"Code"指代码段的大小；"RO-data"指除内联数据（inline data）之外的常量数据的大小；"RW-data"指可读写（RW）、已初始化的变量数据的大小；"ZI-data"指未初始化（ZI）的变量数据的大小。其中，"Code""RO-data"中的数据只能读不能写，故位于Flash中；"RW-data""ZI-data"中的数据位于RAM中。Image component sizes中的信息就是对编译后输出的这些信息的汇总说明。

注意，RW-data已初始化的数据会存储在Flash中，上电后会从Flash搬移至RAM中。

最后，在介绍SRAM的内存分配时我们曾介绍过，从0x2000 0000开始的分配顺序依次为：静态存储区+堆区（可有可无）+栈区，在任务1-1的.map文件中有如图13-10所示信息。

```
Execution Region RW_IRAM1 (Base: 0x20000000, Size: 0x00000460, Max: 0x00020000, ABSOLUTE)

Base Addr    Size        Type    Attr    Idx    E Section Name    Object

0x20000000   0x00000060  Zero    RW      80       .bss            c_w.1(libspace.o)
0x20000060   0x00000000  Zero    RW      40       HEAP            startup_stm32f40_41xxx.o
0x20000060   0x00000400  Zero    RW      39       STACK           startup_stm32f40_41xxx.o
```

图13-10　内存分配信息

这说明任务1-1中SRAM中的内存分配如图13-11所示。

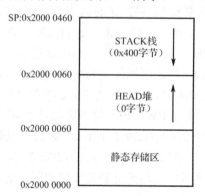

图13-11　SRAM中的内存分配情况

在图13-11中，堆中向上的箭头说明堆向上生长，栈中向下的箭头说明栈向下生长。向下生长，是指当向栈中压入数据时，数据由高地址的存储单元向低地址的存储单元填充。

习　题　13

1. 填空题

（1）Cortex-M4有两种工作状态，分别是_____状态和_____状态。

（2）Cortex-M4用寄存器_____作为程序计数器，用寄存器_____来保存堆栈的栈顶地址，用寄存器_____保存子程序的返回地址。

（3）PSR寄存器的N、Z、C和V位的作用分别是＿＿＿＿＿＿＿＿＿＿＿＿＿＿＿＿＿＿＿＿＿。

（4）特殊功能寄存器中寄存器BASEPRI的作用是＿＿＿＿＿＿＿＿＿＿＿＿＿＿＿＿＿＿＿＿＿。

（5）SRAM的空间可以分为三个区，分别是＿＿＿＿＿＿＿＿＿＿＿＿＿＿＿＿＿＿＿＿＿＿＿。

2. 思考题

仔细观察任务7-1的内存分配表，试说明.map文件各项的作用及内存分配情况。

项目14 汇编语言基础和
Cortex-M4指令集

本项目主要学习Cortex-M4的指令集，在对Cortex-M4的指令进行介绍之前，先来熟悉几个基本概念。

（1）机器语言

机器语言是用二进制代码表示的计算机能直接识别和执行的一种机器指令的集合。它能够直接控制计算机的硬件执行各种控制动作。不过，不同型号的计算机系统的机器语言是不相通的。

由于机器语言全是由0和1构成的指令代码，直观性差，编写费时费力，且容易出错，故除计算机生产厂家的专业人员之外，一般的程序员已经不再需要去学习机器语言了。

（2）指令

一组能够让计算机的硬件做出反应的有意义的二进制代码称为指令。一条指令一般包含操作码字段和操作数字段，其中，操作码用于指明指令的操作性质及功能，操作数用于指明指令中操作的数据是什么或者存在哪里。

（3）指令集

每种型号的处理器都可能有几十乃至几百条指令，这些指令的集合称为指令集。

（4）汇编语言

为了便于学习和掌握，研究人员用不同的符号去代替机器语言中完成不同功能的二进制码，这些符号所表示的语言就是汇编语言。汇编语言是面向机器的程序设计语言，在这种语言中，用助记符（帮助记忆的符号，比如MOV表示移动）代替操作码。汇编语言仍然是一种层次非常低的语言，编写的代码可读性差，不好调试，开发效率低，开发时间长，故一般除负责对硬件进行初始化的启动代码有使用外，其他时候使用很少。

（5）汇编程序

使用汇编语言编写的程序机器不能直接识别，需要用一组程序将之翻译成计算机能识别的机器语言，这种起翻译作用的程序称为汇编程序。

（6）汇编

汇编程序将汇编语言翻译成机器语言的过程称为汇编。

有了以上概念后，接下来我们来学习汇编语言基础和Cortex-M4的指令集。

14.1 汇编语言基础

1. 汇编语言的基本格式

标号
操作码{执行条件cond} {S}   操作数1, 操作数2... ;注释其中：

（1）标号是可选的，如果有，它必须顶格写。汇编语言中的标号代表地址，标号的作用是让机器计算程序转移的地址。

（2）操作码是指令的助记符，它的前面必须有至少一个空白符，通常使用Tab键来产生。

（3）操作码后面往往跟若干个操作数，而第一个操作数，通常都给出本指令执行结果的存储地址。不同指令需要不同数目的操作数，并且对操作数的语法要求也可以不同。

（4）汇编中的注释均以";"开头，相当于C语言中的"/*......*/"和"//......"。它的有无不影响汇编操作，只是增加程序的可读性和方便程序员理解代码。

2. 条件标志

大多数数据处理指令可以选择更新APSR（应用程序状态寄存器）中的条件标志。这些条件标志是：

（1）N：当执行结果为负数时置1，否则置0。

（2）Z：当执行结果为0时置1，否则置0。

（3）C：当执行结果发生进位或借位时置1，否则置0。

发生C置1的情况主要有：加法的结果大于或等于2^{32}；减法的结果为正或0；移位运算产生。

（4）V：当执行发生溢出时置1，否则置0。

发生V置1的情况主要有：两个负数相加结果为正时；两个正数相加结果为负时；负数减去正数，结果为正时；正数减去负数结果为负时。

一般的指令都需要加上一定的执行条件才能够影响状态寄存器的标志位。Cortex-M4的常用的执行条件的助记符及对标志位的影响情况如表14-1所示。

表14-1　执行条件的助记符及对标志位的影响情况

助 记 符	执 行 标 志	含 义
EQ	Z=1	相等
NE	Z=0	不相等
CS或HS	C=1	无符号数大于或等于
CC或LO	C=0	无符号数小于
GT	Z=0且N=V	带符号数大于
LE	Z=1且N!=V	带符号数小于或等于
AL	—	无条件执行

3. ARM汇编程序的基本结构

ARM汇编语言源文件由不同的段组成，常见的有代码段、数据段等。代码段用于存放代码，数据段用于存放代码执行过程中需要的数据。

ARM源文件有以下几种类型，分别是：

（1）.s表示该文件是一个汇编语言源文件；

（2）.inc表示该文件是一个被汇编语言源文件包含的文件；

（3）.c表示该文件是一个C语言源文件；

（4）.h 表示该文件是一个头文件。

4. 编写汇编程序的基本的格式规范

在编写 ARM 汇编程序时要遵循一定的规范，否则编译器会报错。

（1）标号一定要顶格书写。

（2）所有的指令均不能顶格书写，指令前应该有空格，一般用 Tab 键。

（3）大小写区分。指令中的操作码、寄存器名等可以全部为大写也可以全部为小写，但不要大小写混合。

（4）注释从";"开始到此行结束。

（5）当单行指令太长时，可以使用字符"\"实现分行，"\"后不能有任何字符。

（6）定义变量、常量时，其标志符必须在一行的顶格写。

14.2　Cortex-M4的指令集

Cortex-M4 使用的是 Thumb-2 指令集，不支持 ARM 指令集，Thumb 指令集是 ARM 指令集的子集，但是 Thumb-2 技术已经不再支持 ARM 状态。

Thumb-2 指令集具有如下特点：

（1）16 位与 32 位混合指令。

（2）加载/存储指令集，不能直接操作存储器。

（3）指令长度可变，使用 16/32 位由功能决定，优先使用 16 位。

（4）DSP 指令，Cortex-M4 中为单精度，Cortex-M7 中可以为双精度。

下面对 Cortex-M4 的指令进行介绍。

1. 存储器访问指令

ARM 处理器的常用的存储器访问指令如表 14-2 所示。

表14-2　常用的存储器访问指令

操作码/助记符	描　　述
ADR	加载 PC 相对地址
LDM{mode}	批量加载到寄存器
LDR{type}	加载到寄存器
POP	从堆栈中弹出数据到寄存器
PUSH	将寄存器中的数据压入堆栈
STM{mode}	将多个寄存器的数据批量存储到存储器
STR{type}	将寄存器的数据存储到存储器

下面详细介绍这些指令的作用。

（1）ADR——加载相对 PC 地址到寄存器指令

格式：

ADR{cond} Rd, Label

其中，cond是可选的条件码，Rd为目的寄存器，Label是相对于PC值的地址表达式。ADR指令的作用是将基于PC相对偏移的地址读取到寄存器Rd中。

（2）LDR/STR——加载/存储指令

LDR指令用于从内存中读取数据加载到寄存器中；STR指令用于将寄存器中的数据保存到内存中。其典型用法为：

LDR Rd,[Rn,#offset]	;从存储器Rn+offset处读取字，读取到Rd中
STR Rd,[Rn,#offset]	;将Rd中的数据存入内存中地址为Rn+offset的存储单元中

常见的加载/存储指令有：

LDR——字数据加载指令；

LDRB——字节数据加载指令；

LDRH——半字数据加载指令；

STR——字数据存储指令；

STRB——字节数据存储指令；

STRH——半字数据存储指令。

例1：LDR R0, [R1,#0X08]	;从内存中地址为R1+0X08处读取字，放到R0中
例2：LDR R0, [R1]	;将存储器中地址为R1的字数据加载到寄存器R0中
例3：LDR R0, [R1, R2]	;将存储器中地址为R1+R2的字数据读入寄存器R0中
例4：STR R0, [R1, #8]	;将R0中的字数据写入到以R1+8为地址的内存中
例5：STR R0,R1,#8	;将R0中的字数据写入以R1为地址的存储器中，并将新地址 ;R1+8写入R1
例6：STRB R0, [R1]	;将寄存器R0中的字节数据（源寄存器中的低8位） ;写入以R1为地址的存储器中
例7：STRH R0, [R1]	;将寄存器R0中的半字数据（源寄存器中的低16位） ;写入以R1为地址的存储器中

LDR/STR指令支持回写（即更改某个寄存器的值）功能，加"!"即可。

例1：LDR R0, [R1, #0X08]!	;将存储器中地址为R1+8的字数据加载到寄存器R0中 ;同时寄存器R1的值被更新为R1+0X08
例2：LDR R0, [R1,R2]!	;将存储器中地址为R1+R2的字数据读入寄存器R0中 ;同时将R1+R2的值写入R1中

（3）LDM/STM——批量加载/存储指令

批量加载/存储指令，可以实现在多个寄存器和一块连续的内存单元之间传输数据。LDM指令用于将一块连续内存单元中的数据加载到多个寄存器中；STM指令则相反，用于将多个寄存器的内容存储到一块连续的内存单元中。其格式为：

op{addr_mode}{cond}　　Rn{!}, 寄存器列表

其中，op为操作码，可以是LDM或STM；addr_mode为地址变化模式，可以是IA（每次访问完后地址增加）或DB（访问之前地址递减）；cond为条件码；Rn保存的是一块连续内存地址的基址；!是回写助记符；寄存器列表可以是一个或多个寄存器。

例1：LDMIA R8, {R0, R1,R2, R9}	;将内存中首地址为R8的值的连续四个字的内容 ;加载到R0、R1、R2和R9中

假设R8所指向的内存单元中的数据分别为11、12、13、14。指令的执行过程是：首先将R8指向的内存单元的数据11加载到R0寄存器中，然后地址自动加4（STM32是32位，一次传送4个字节）；将12加载到R1中，然后地址自动加4；将13加载到R2中，然后地址自动加4；将

14加载到R9中，然后地址自动加4。整个过程如图14-1所示

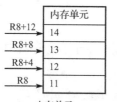

内存单元	
R8+12	14
R8+8	13
R8+4	12
R8	11

寄存器	寄存器的值
R0	**
R1	**
R2	**
R9	**

寄存器	寄存器的值
R0	11
R1	12
R2	13
R9	14

内存单元　　　　　　　传送前寄存器的值　　　　　　传送后寄存器的值

注意：** 表示传送前寄存器的值不确定。

图14-1　LDMIA多寄存器传送指令详解

注意： IA为Increase After，即传送之后更新地址值，所以是先传送后加地址，在整个执行过程中R8的内容并没有发生变化。另外，**寄存器列表中的寄存器顺序可以任意排列，但传送时都是先到序号低的寄存器然后再到序号高的寄存器。**

例2：LDMIA R8!, {R1, R2,R3, R4}　;将内存中首地址为R8的值的连续四个字的内容
　　　　　　　　　　　　　　　　;加载到R1、R2、R3和R4中，同时更新R8的值

如图14-2所示，指令执行过程是：首先将R8指向的内存单元中的数据11加载到R1中，然后地址自动加4；将12加载到R2中，然后地址加4；将13加载到R3中，然后地址加4；将14加载到R4中，然后地址加4。执行完后R8的值更新为新值。

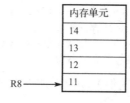

内存单元	
	14
	13
	12
R8 →	11

寄存器	寄存器的值
R1	**
R2	**
R3	**
R4	**

（a）指令执行前

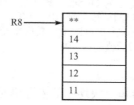

内存单元	
R8 →	**
	14
	13
	12
	11

寄存器	寄存器的值
R1	11
R2	12
R3	13
R4	14

（b）指令执行后

图14-2　LDMIA多寄存器传送指令详解（带!回送符号）

例3：STMDB R1!, {R3-R6, R11, R12}

指令的执行过程为：先将R1的值减去4，结果赋给R1，然后将R12的内容压入R1指向的内存单元中；将R1的值减去4结果赋给R1，然后将R11的内容压入R1指向的内存单元中；将R1的值减去4，结果赋给R1，然后将R6的内容压入R1指向的内存单元中，以此类推，整个过程如图14-3所示。

注意： 由于带有回送符号，所以R1的值会在执行后更新。另外，DB全称为Decrease Before，即在传送之前减少，由此不难明白STMDB的执行过程。

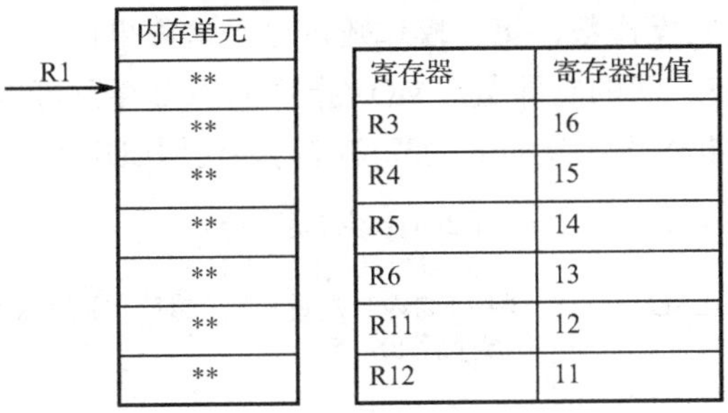

内存单元		寄存器	寄存器的值
**	← R1		
**		R3	16
**		R4	15
**		R5	14
**		R6	13
**		R11	12
**		R12	11

（a）指令执行前

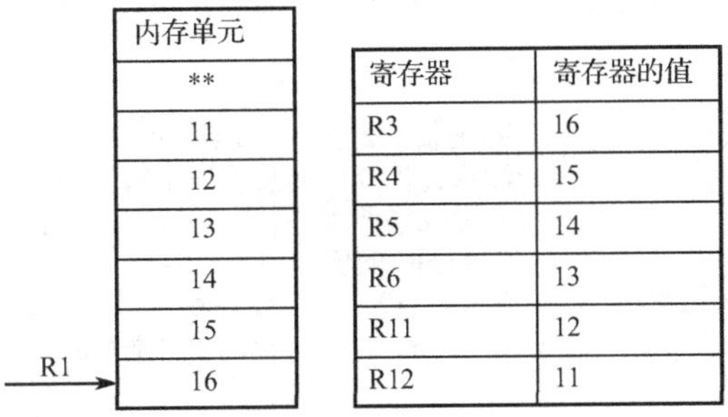

内存单元		寄存器	寄存器的值
**			
11		R3	16
12		R4	15
13		R5	14
14		R6	13
15		R11	12
16	← R1	R12	11

（b）指令执行后

图14-3　STMDB指令执行前后各存储器的值的变化

（4）PUSH/POP——压栈与出栈指令

PUSH和POP为满递减堆栈指令，其指令格式为：

```
PUSH{cond} reglist
POP{cond} reglist
```

PUSH用于将寄存器列表中的内容压入堆栈中；POP刚好相反，用于将堆栈中的内容弹出到寄存器列表中。

PUSH、POP的使用方法和前面的LDMIA、STMDB是相同的。

```
例1：PUSH {R0,R4-R7}    ;将R0、R4、R5、R6、R7中的内容压入堆栈中，SP的内容更新
例2：PUSH {R2,LR}       ;将R2和LR的内容压入堆栈中，SP的内容更新
例3：POP {R0,R6,PC}     ;将堆栈中的连续3个字的数据弹出到寄存器R0、R6和PC中；
                        ;然后跳到新地址处执行，SP的内容更新
```

注意： 所谓满递减堆栈，指的是堆栈随着存储器地址的减小而向下增长，基址寄存器指向存储有效数据的最低地址或者指向第一个要读出的数据位置。

2. 数据处理指令

（1）数据传送指令MOV和MVN

MOV指令用于在寄存器之间传送指令，也可以将一个立即数传送到目标寄存器。MVN指令完成从另一个寄存器、被移位的寄存器或将一个立即数加载到目的寄存器。与MOV指令不同之处，MVN是在传送之前被按位取反了，即把一个被取反的值传送到目的寄存器中。

数据传送指令的格式为：

```
MOV{S}{cond} Rd, Operand2
MOV{cond} Rd, #imm16
MVN{S}{cond} Rd, Operand2
```

其中，Operand2为第二操作数，第二操作数可以是常数也可以是寄存器或者带移位的寄存器；#imm16为0~65535之间的立即数。MOV指令的源寄存器可以是立即数（8位以下），当立即数为9~16位时用MOVW，立即数为32位时需要使用LDR伪指令。

例1：	MOV R0,R2	;将R2的内容传送到R0中
例2：	MOV R1, #10	;将立即数10传送到R1中
例3：	MOV R0, R1, LSL #3	;将R1的内容左移3位，然后传送到R0
例4：	MVN R0, #4	;执行后R0=-5

（2）算术运算指令

算术运算指令包括加指令ADD、带进位的加法指令ADC、减指令SUB、带借位的减法指令SBC等。

例1：	ADD R0, R1, #2	;R1的值加2然后加载到R0中
例2：	ADDS R0, R1, #2	;注意该指令后面加了一个S，是指该条指令执行后可能 ;会影响当前程序状态寄存器中的条件标志位
例3：	ADD R2, R1, R3	;将R1+R3的值加载到R2中
例4：	SUBS R8, R6, #240	;将R6-240的值加载到R8中，同时设置状态寄存器的状态位
例5：	ADC R1,R2	;将R1+R2+C标志位的值加载到R1中

（3）逻辑运算指令

逻辑运算指令有与AND、或ORR、位清除BIC、按位异或EOR和按位或非ORN等指令。

例1：	BIC R0, R0,#0XF	;将R0的值与0XF的反码做逻辑与运算（将R0的后4位清0） ;然后再将结果重新保存到R0中
例2：	ORR R0, R0, #0XF	;将R0的值与0XF做逻辑或运算，结果保存到目标寄存器R0中
例3：	AND R9, R2, #0XFF00	;将R2的值与0XFF00做按位与运算，运算结果保存在R9中

（4）移位指令

移位指令有算术右移指令ASR、逻辑左移指令LSL、逻辑右移指令LSR和循环右移指令ROR等。算术左移和逻辑左移都是右边补0；逻辑右移是整体右移，左边补0；算术右移是符号位一起移动，左边补上符号位；循环右移则是操作数按指定的数量向右循环移位，左端用右端移出的位来填充。

例1：	LDR R0, [R1, R2, LSL # 2] !	;将存储器地址为R1+R2×4的字数据读入寄存器R0中 ;并将新地址R1+R2×4写入R1中
例2：	LDR R0, [R1] , R2, LSL # 2	;将存储器地址为R1的字数据读入寄存器R0中 ;并将新地址R1+R2×4写入R1中
例3：	ASR R7, R8, #9	;将R8的值右移9位然后将结果加载到R7中
例4：	LSLS R1, R2, #3	;将R2的值左移3位然后将结果加载到R1中
例5：	MOV R0, R1, ROR#2	;将R1中的内容循环右移2位后传送到R0中

（5）比较指令CMP和CMN

比较指令CMP的格式为：

CMP{cond} Rn, Operand2

指令的作用是将寄存器Rn的值减去Operand2的值，根据操作的结果更新状态寄存器中的条件标志位，以便后面的指令根据相应的条件标志来判断是否执行。

指令CMN的格式为：

CMN{cond} Rn, Operand2

指令的作用是将寄存器Rn的值加上Operand2的值，根据操作的结果更新状态寄存器中的条件标志位。

注意，CMP和CMN指令只执行简单的加减法运算，并根据运算结果更新状态寄存器的值，指令执行后Rn的值不变。

（6）位测试指令TST和相等测试指令TEQ

TST指令的格式为：

> TST{cond} Rn, Operand2

TST指令将寄存器Rn的值与Operand2的值按位进行逻辑与操作，并根据运算结果更新CPSR中条件标志位的值。当前运算结果为1，则Z=0；当前运算结果为0，则Z=1。

TEQ指令的格式为：

> TEQ{cond} Rn, Operand2

TEQ指令将寄存器Rn的值与操作数Operand2的值进行按位或操作，根据操作的结果更新状态寄存器的标志位。

TST和TEQ指令不影响Rn的值。

> 例1：TEQ　　R0,R1　　　;比较R0和R1是否相等，该指令不影响CPSR中的V位和C位
> 例2：TST R0 , #0x2　　 ;进行与运算，如果bit_2为1，zero==0
> 　　　　　　　　　　　　;如果bit_2为0，则zero==1，即该指令测试bit_2是否为0

3. 跳转指令

跳转指令有B和BL。B跳转指令的基本功能是直接跳转到指定的地址去执行。BL是带返回地址的跳转，指令自动将下一条指令的地址复制到链接寄存器R14（LR）中，然后跳转到指定的地址去执行，执行完后，返回到跳转前指令的下一条指令处执行。

> 例1：B　　 Label　　 ;转移到标号Label对应的地址处执行
> 例2：BL　 reg　　　　;转移到寄存器reg给出的地址处执行并将下一条指令地址复制到R14中
> 例3：BL　 Label　　　;转移到Label对应的地址处
> 　　　　　　　　　　　;并且把转移前的下条指令地址保存到寄存器LR中
> 例4：B　　.　　　　　;"."代表当前地址，执行该语句代表死循环

4. 异常相关指令

SVC 通常用于在操作系统上请求特权操作或访问系统资源。SVC 指令中嵌入了一个数字，这个数字通常称为 SVC 编号。 在大多数 ARM 处理器上，此编号用于指示要请求的服务。在微控制器架构上，处理器在最初进入异常时，将参数寄存器保存到堆栈中。SVC指令的格式为：

> SVC　 #imm

其中，imm为结果介于0~255的表达式。

要注意的是，调用SVC指令后，需尽快进入中断，如果有其他高优先级的中断打断了SVC，就会引起HardFault。

关于ARM处理器的执行指令就介绍到这里，读者可参考相关文献详细了解Cortex-M4的指令的作用、用法及限制条件。

14.3　Cortex-M4的伪操作和伪指令

14.3.1　伪操作

在ARM汇编程序中，有一些特殊指令助记符，这些助记符与指令系统的助记符不同，没有相对应的操作码，通常称这些特殊指令助记符为伪操作标识符，它们所完成的操作称为伪操作。本节只介绍部分伪操作以供阅读并理解启动代码，其他的伪操作读者可查阅相关技术手册。

1．符号定义伪操作

符号定义伪操作用于定义ARM汇编程序中的变量、对变量赋值及定义寄存器的别名等。常见的符号定义伪操作有如下几种：

（1）用于定义全局变量的GBLA、GBLL和GBLS

语法格式：

> GBLA（GBLL或GBLS）　全局变量名

GBLA、GBLL和GBLS伪操作用于定义一个ARM程序中的全局变量，并将其初始化。其中，GBLA伪操作用于定义一个全局的数字变量，并初始化为0；GBLL伪操作用于定义一个全局的逻辑变量，并初始化为F（假）；GBLS伪操作用于定义一个全局的字符串变量，并初始化为空。

由于以上三条伪操作用于定义全局变量，因此在整个程序范围内变量名必须唯一。

> 例1：GBLA Test1　　　　　　　;定义一个全局的数字变量，变量名为Test1

数字变量Test1的值可以用伪操作SETA初始化，比如：

> Test1 SETA 0x03　　　　　　　;将该变量赋值为0x03
> 例2：GBLL Test2　　　　　　　;定义一个全局的逻辑变量，变量名为Test2

逻辑变量Test2可以用伪操作SETL初始化，比如：

> Test2 SETL {TRUE}　　　　　　;将变量赋值为真
> 例3：GBLS Test3　　　　　　　;定义一个全局的字符串变量，变量名为Test3

全局的逻辑变量可以用伪操作SETS初始化，比如：

> Test3 SETS "Testing"　　　　　;将该变量赋值为"Testing"

（2）用于定义局部变量的LCLA、LCLL和LCLS

LCLA、LCLL和LCLS伪操作用于定义一个ARM程序中的局部变量并将其初始化，格式与GBLA等相同。其中，LCLA伪操作用于定义一个局部数字变量，并初始化为0；LCLL伪操作用于定义一个局部逻辑变量，并初始化为F（假）；LCLS伪操作用于定义一个局部字符串变量，并初始化为空。

以上三条伪操作用于声明局部变量，在其作用范围内变量名必须唯一。局部数字变量、局部逻辑变量和局部字符串变量的赋值与全局变量时的赋值相同。

（3）变量赋值伪操作SETA、SETL和SETS

语法格式：

> 变量名 SETA（SETL或SETS） 表达式

伪操作SETA、SETL、SETS用于给一个已经定义的全局变量或局部变量赋值。其中：SETA伪操作用于给一个数学变量赋值，SETL伪操作用于给一个逻辑变量赋值，SETS伪操作用于给一个字符串变量赋值，具体例子参见前面介绍。

（4）给通用寄存器列表定义名称的RLIST

语法格式：

> 名称 RLIST {寄存器列表}

RLIST伪操作可用于给一个通用寄存器列表定义名称，使用该伪操作定义的名称可在ARM指令LDM/STM中使用。在LDM/STM指令中，列表中的寄存器访问次序为根据寄存器的编号由低到高，而与列表中的寄存器排列次序无关。

使用示例：

> 例1：RegList RLIST {R0-R5,R8,R10} ;将寄存器列表名称定义为RegList
> ;可在ARM指令LDM/STM中通过该名称访问寄存器列表

3. 数据定义（Data Definition）伪操作

数据定义伪操作一般用于为特定的数据分配存储单元，同时可完成已分配存储单元的初始化。常见的数据定义伪操作有如下几种：

（1）DCB

语法格式：

> 标号 DCB 表达式

DCB伪操作用于分配一片连续的字节存储单元并用伪操作中指定的表达式初始化。其中，表达式可以为0～255的数字或字符串。DCB也可用"="代替。

> 例1：Str DCB "This is a test！" ;分配一片连续的字节存储单元并初始化

（2）DCW

语法格式：

> 标号 DCW（或DCWU） 表达式

DCW（或DCWU）伪操作用于分配一片连续的半字存储单元并用伪操作中指定的表达式初始化。其中，表达式可以为程序标号或数字表达式。用DCW分配的字存储单元是半字对齐的，而用DCWU分配的字存储单元并不严格半字对齐。

> 例1：DataTest DCW 1，2，3 ;分配一片连续的半字存储单元并初始化

（3）DCD（DCDU）

语法格式：

> 标号 DCD（或DCDU） 表达式

DCD（或DCDU）伪操作用于分配一片连续的字存储单元并用伪操作中指定的表达式初始化。其中，表达式可以为程序标号或数字表达式。DCD也可用"&"代替。用DCD分配的

字存储单元是字对齐的，而用DCDU分配的字存储单元并不严格字对齐。

例1：DataTest DCD 4, 5, 6   ;分配一片连续的字存储单元并初始化

（4）SPACE

语法格式：

标号 SPACE 表达式

SPACE伪操作用于分配一片连续的存储区域并初始化为0。其中，表达式为要分配的字节数。SPACE也可用"%"代替。

例1：Stack_Mem SPACE 0x400   ;分配连续的1280个字节的存储单元
                                  ;并将这些单元初始化为0，标号代表这些存储单元的首地址

（5）MAP

语法格式：

MAP 表达式{,基址寄存器}

MAP伪操作用于定义一个结构化的内存表的首地址。MAP也可用" ˆ "代替。 表达式可以为程序中的标号或数学表达式，基址寄存器为可选项，当基址寄存器选项不存在时，表达式的值即为内存表的首地址；当该选项存在时，内存表的首地址为表达式的值与基址寄存器的和。

MAP伪操作通常与FIELD伪操作配合使用来定义结构化的内存表。

例1：MAP 0x100, R0   ;定义结构化内存表首地址的值为0x100+R0
例2：MAP 0x2001000   ;定义结构化内存表的首地址的值为0x2001000

（6）FIELD

语法格式：

标号 FIELD 表达式

FIELD伪操作用于定义一个结构化内存表中的数据域。FILED也可用"#"代替。表达式的值为当前数据域在内存表中所占的字节数。 FIELD伪操作常与MAP伪操作配合使用来定义结构化的内存表。MAP伪操作定义内存表的首地址，FIELD伪操作定义内存表中的各个数据域，并可以为每个数据域指定一个标号供其他的指令引用。

注意MAP和FIELD伪操作仅用于定义数据结构，并不实际分配存储单元。

例1：MAP 0x100   ;定义结构化内存表首地址的值为0x100
     A FIELD 16   ;定义A的长度为16字节，位置为0x100
     B FIELD 32   ;定义B的长度为32字节，位置为0x110
     S FIELD 256   ;定义S的长度为256字节，位置为0x130

4. 汇编控制伪操作

汇编控制伪操作用于控制汇编程序的执行流程，常用的汇编控制伪操作有：

（1）IF、ELSE、ENDIF

语法格式：

IF 逻辑表达式
指令序列1
ELSE
指令序列2
ENDIF

IF、ELSE、ENDIF伪操作能根据条件的成立与否决定是否执行某个指令序列。当IF后面的逻辑表达式为真时执行指令序列1，否则执行指令序列2。其中，ELSE及指令序列2可以没有，此时，当IF后面的逻辑表达式为真时执行指令序列1，否则继续执行后面的指令。IF、ELSE、ENDIF伪操作可以嵌套使用。

　　例1：

```
GBLL Test                           ;声明一个全局的逻辑变量，变量名为Test
 …
IF Test = TRUE
     指令序列1
ELSE
     指令序列2
ENDIF
```

　　例2：

```
IF      :DEF:__MICROLIB
EXPORT    __initial_sp
ELSE
IMPORT    __use_two_region_memory
ENDIF
```

　　上述伪操作，是指如果MICROLIB被选择了，则导出__initial_sp，否则导入__use_two_region_memory。

　　（2）WHILE、WEND

　　语法格式：

```
WHILE  逻辑表达式
     指令序列
WEND
```

　　WHILE、WEND伪操作能根据条件的成立与否决定是否循环执行某个指令序列。当WHILE后面的逻辑表达式为真时，则执行指令序列，该指令序列执行完毕后，再判断逻辑表达式的值，若为真则继续执行，一直到逻辑表达式的值为假。

　　WHILE、WEND伪操作可以嵌套使用。

　　使用示例：

```
GBLA Counter                        ;声明一个全局的数字变量，变量名为Counter
Counter SETA 3                      ;由变量Counter控制循环次数
 …
WHILE Counter < 10
     指令序列
WEND
```

　　（3）MACRO、MEND

　　语法格式：

```
MACRO
$ 标号 宏名 $参数1, $参数2…
     指令序列
MEND
```

　　MACRO、MEND伪操作可以将一段代码定义为一个整体，称为宏指令，然后就可以在程序中通过宏指令多次调用该段代码。其中，$标号在宏指令被展开时，标号会被替换为用户定义的符号。

宏指令可以使用一个或多个参数，当宏指令被展开时，这些参数被相应的值替换。

宏指令的使用方式和功能与子程序有些相似，子程序可以提供模块化的程序设计、节省存储空间并提高运行速度。但在使用子程序结构时需要保护现场，从而增加了系统的开销。因此，在代码较短且需要传递的参数较多时，可以使用宏指令代替子程序。

包含在MACRO和MEND之间的指令序列称为宏定义体，在宏定义体的第一行应声明宏的原型（包含宏名、所需的参数），然后就可以在汇编程序中通过宏名来调用该指令序列。在源程序被编译时，汇编器将宏调用展开，用宏定义中的指令序列代替程序中的宏调用，并将实际参数的值传递给宏定义中的形式参数。

MACRO、MEND伪操作可以嵌套使用。

5. 杂项伪操作

（1）AREA

语法格式：

> AREA 段名 属性1,属性2…

AREA伪操作用于定义一个代码段或数据段。其中，段名若以数字开头，则该段名需用"|"括起来，如|1_test|。

属性字段表示该代码段（或数据段）的相关属性，多个属性用逗号分隔。常用的属性如下：

① CODE属性：用于定义代码段，默认为READONLY。

② DATA属性：用于定义数据段，默认为READWRITE。

③ READONLY属性：指定本段为只读，代码段默认为READONLY。

④ READWRITE属性：指定本段为可读可写，数据段的默认属性为READWRITE。

⑤ ALIGN属性：使用方式为"ALIGN 表达式"。在默认时，ELF（可执行连接文件）的代码段和数据段是按字对齐的，表达式的取值范围为0～31，相应的对齐方式为2的表达式次方。

⑥ COMMON属性：该属性定义一个通用的段，不包含任何的用户代码和数据。各源文件中同名的COMMON段共享同一段存储单元。

一个汇编程序至少要包含一个段，当程序太长时，也可以将程序分为多个代码段和数据段。

使用示例：

> AREA Init, CODE, READONLY　　　　　　;该伪操作定义了一个代码段，段名为Init，属性为只读

（2）ALIGN

语法格式：

> ALIGN {表达式{，偏移量}}

ALIGN伪操作可通过添加填充字节的方式，使当前位置满足一定的对其方式。其中，表达式的值用于指定对齐方式，可能的取值为2的幂，如1、2、4、8、16等。若未指定表达式，则将当前位置对齐到下一个字的位置。偏移量也为一个数字表达式，若使用该字段，则当前位置的对齐方式为：2的数字表达式次幂+偏移量。

使用示例:

```
AREA Init, CODE, READONLY, ALIEN=3  ;指定后面的指令为8字节对齐
    指令序列
END
```

（3）ENTRY

语法格式:

```
ENTRY
```

ENTRY伪操作用于指定汇编程序的入口点。在一个完整的汇编程序中至少要有一个ENTRY（也可以有多个，当有多个ENTRY时，程序的真正入口点由链接器指定），但在一个源文件里最多只能有一个ENTRY（可以没有）。

使用示例:

```
AREA Init, CODE, READONLY
    ENTRY                       ;指定应用程序的入口点
```

（4）END

语法格式:

```
END
```

END伪操作用于通知编译器：已经到了源程序的结尾。

使用示例:

```
AREA Init, CODE, READONLY
    ...
END                             ;指定应用程序的结尾
```

（5）EQU

语法格式:

```
名称  EQU 表达式{, 类型}
```

EQU伪操作用于为程序中的常量、标号等定义一个等效的字符名称，类似于C语言中的#define。其中EQU可用"*"代替。

名称为EQU伪操作定义的字符名称，当表达式为32位的常量时，可以指定表达式的数据类型（CODE16、CODE32和DATA）。

```
例1：Test EQU 50                ;定义标号Test的值为50
例2：Addr EQU 0x55,CODE32        ;定义Addr的值为0x55，且该处为32位的ARM指令
```

（6）EXPORT（或GLOBAL）

语法格式:

```
EXPORT  标号{[WEAK]}
```

EXPORT伪操作用于在程序中声明一个全局的标号，该标号可在其他的文件中引用。EXPORT可用GLOBAL代替。标号在程序中区分大小写，[WEAK]选项声明其他的同名标号优先于该标号被引用。

```
例1：EXPORT  __heap_base        ;声明一个可全局引用的标号__heap_base
```

（7）IMPORT

语法格式：

IMPORT 标号{[WEAK]}

IMPORT伪操作用于通知编译器要使用的标号在其他的源文件中定义，但要在当前源文件中引用，而且无论当前源文件是否引用该标号，该标号均会被加入到当前源文件的符号表中。标号在程序中区分大小写，[WEAK]选项表示当所有的源文件都没有定义这样一个标号时，编译器也不给出错误信息，在多数情况下将该标号置为0，若该标号为B或BL指令引用，则将B或BL指令置为NOP操作。

使用示例：

例1：IMPORT __main   ;通知编译器当前文件要引用标号__main
         ;但__main在其他源文件中定义

（8）GET（或INCLUDE）

语法格式：

GET 文件名

GET伪操作用于将一个源文件包含到当前的源文件中，并将被包含的源文件在当前位置进行汇编处理。可以使用INCLUDE代替GET。

汇编程序中常用的方法是在某源文件中定义一些宏指令，用EQU定义常量的符号名称，用MAP和FIELD定义结构化的数据类型，然后用GET伪操作将这个源文件包含到其他的源文件中。使用方法与C语言中的"include"相似。

GET伪操作只能用于包含源文件，包含目标文件需要使用INCLUDE伪操作。

例1：GET inc1.s   ;通知编译器当前源文件包含源文件inc1.s

（9）过程定义伪操作PROC、ENDP

过程就是子程序，一个过程可以被其他程序所调用。过程定义伪操作的格式为：

```
<过程名>    PROC [类型]
            ...
            ENDP
```

注意，PROC和ENDP必须成对出现。

例1：

```
SysTick_Handler    PROC
                   EXPORT    SysTick_Handler          [WEAK]
                   B         .
                   ENDP
```

14.3.2 伪指令

伪指令，顾名思义就是假的指令。前面我们介绍的指令，经过编译器编译后会生成相应的机器指令，在运行时可以直接执行。而伪指令则是由汇编程序处理，在汇编时被适当的ARM指令或Thumb指令代替的指令。在本项目中，我们只介绍LDR伪指令。

LDR伪指令的格式为：

LDR {cond} register, =[expr|label]

其中，cond表示指令的执行条件，expr为32位的常量，label表示地址表达式或外部表达式。

| 例1：LDR   R0, =   Heap_Mem | ;将Heap_Mem代表的地址加载到R0寄存器中 |

习　题　14

思考题

（1）分别分析指令"LDMIA R0, {R1-R4}"和指令"LDMIA R0!, {R1-R4}"的执行过程。

（2）指令"BIC R0, R0, #0x1F"的作用是什么？

（3）指令"LDR R1, [R0, #4]"的作用是什么？

（4）指令"STMFD SP!, {R0-R2}"的作用是什么？

（5）分别说明EXPORT和IMPORT的作用。

项目15 认识启动文件

startup_stm32f40_41xxx.s

有了前面的汇编基础，在本项目中，我们将对启动代码进行详细的讲解，为以后学习操作系统的移植打下一个基础。

1. 启动文件的功能

关于启动文件的功能，在文件startup_stm32f40_41xxx.s的英文部分已经有了介绍，具体如下：

```
;*                          This module performs:
;*                          - Set the initial SP
;*                          - Set the initial PC == Reset_Handler
;*                          - Set the vector table entries with the exceptions ISR address
;*                          - Configure the system clock and the external SRAM mounted on
;*                            STM324xG-EVAL board to be used as data memory (optional,
;*                            to be enabled by user)
;*                          - Branches to __main in the C library (which eventually
;*                            calls main()).
;*                          After Reset the CortexM4 processor is in Thread mode,
;*                          priority is Privileged, and the Stack is set to Main.
```

翻译出来就是说这个模块的作用有以下5点：

（1）初始化SP，即设置栈指针；

（2）初始化PC指针指向复位中断处理函数，即PC = Reset_Handler；

（3）导入中断服务程序（ISR）地址以设置中断向量表；

（4）配置系统时钟与将外部SRAM挂载到STM324xG-EVAL板子上用做数据存储（可选项）；

（5）转到C库的__main处，也就是main()函数处进行代码的执行。

复位Cortex-M4之后，处理器处于线程模式，为特权优先级，并且栈被设置为MSP主堆栈。

2. 启动代码详解

下面对启动代码进行具体分析。

```
1      Stack_Size        EQU      0x00000400
2                        AREA     STACK, NOINIT, READWRITE, ALIGN=3
3      Stack_Mem         SPACE    Stack_Size
4      __initial_sp
```

这段代码用来初始化SP。其中，第1行用来将栈设置为1280字节。第2行用来定义一个名为STACK的段，段的属性NOINIT用来指定STACK段仅保留了内存单元而没有对这些内存单元进行初始化,属性READWRITE用来说明该段可读可写,ALIGN=3说明段为2^3=8字节对齐。第3行用于分配一片连续的存储区域并初始化为0,这段存储单元的首地址为Stack_Mem。第4行初始化栈指针,使得SP指向栈的顶部,也就是上述空间的尾部。

5	Heap_Size	EQU	0x00000000
6		AREA	HEAP, NOINIT, READWRITE, ALIGN=3
7	__heap_base		
8	Heap_Mem	SPACE	Heap_Size
9	__heap_limit		

这段代码用来设置堆的大小为0。

10	PRESERVE8
11	THUMB

第10行用来告诉编译器下述空间保持8字节对齐。第11行用来说明下面的指令使用的是Thumb指令集,这条语句要声明在任何使用Thumb指令集的语句之前。

12	AREA	RESET, DATA, READONLY
13		EXPORT __Vectors
14		EXPORT __Vectors_End
15		EXPORT __Vectors_Size

第12行用来定义一个名为RESET的数据段,段的属性为READONLY——只能读不能写。第13行用来声明一个符号__Vectors,该符号可以在其他的文件中使用,第14和15行同理。

16	__Vectors	DCD	__initial_sp	; Top of Stack
17		DCD	Reset_Handler	; Reset Handler
18		DCD	NMI_Handler	; NMI Handler
......		......		......
77		DCD	EXTI0_IRQHandler	; EXTI Line0
......		......		......
116		DCD	FPU_IRQHandler	; FPU
117	__Vectors_End			
118	__Vectors_Size	EQU	__Vectors_End - __Vectors	

这段代码用于设置中断向量表并计算中断向量表的长度,其中,标号__Vectors代表的地址为向量表的开始,标号__Vectors_End代表的地址为向量表的结束。向量表中的符号EXTI0_IRQHandler为中断函数名。

119	AREA	|.text|, CODE, READONLY	
120	Reset_Handler	PROC	
121		EXPORT Reset_Handler	[WEAK]
122	;IMPORT SystemInit		

;寄存器代码,不需要在这里调用SystemInit()函数,故屏蔽掉,库函数版本代码可以留下
;不过需要在外部实现SystemInit()函数,否则会报错

123	IMPORT	__main	
124	LDR	R0, =0xE000ED88	;使能浮点运算 CP10、CP11
125	LDR	R1,[R0]	
126	ORR	R1,R1,#(0xF << 20)	
127	STR	R1,[R0]	
128	;LDR	R0, =SystemInit	;寄存器代码,未用到,屏蔽
129	;BLX	R0	;寄存器代码,未用到,屏蔽
130	LDR	R0, = __main	
131	BX	R0	
132	ENDP		

第119行定义一个名为.text的代码段，属性为READONLY——只读。第120行用标号Reset_Handler标记程序段的开始。第121行用于说明如果Reset_Handler有重复的定义，优先执行其他的定义。第123行用于说明符号_ _main在其他文件中定义。在这里要注意_ _main符号代表的函数与main()函数是两个完全不同的函数。_ _main函数是MDK中的编译器自动创建的。当编译器发现定义了main()函数，那么就会自动创建_ _main。_ _main函数主要做两件事，一是将RW/RO段从装载域复制到运行域，并完成ZI运行域的初始化工作；二是初始化堆栈，然后自动跳转到main()函数。第124~第127行用于使能浮点运算。第130行是将函数_ _main的地址加载到寄存器R0中。第131行使程序跳转到R0指向的地址处执行，实际上就是执行_ _main函数，而main()函数就是在执行_ _main函数的过程中进入的。第132行用于说明代码段的结束。

133	NMI_Handler	PROC		
134		EXPORT	NMI_Handler	[WEAK]
135		B	.	
136		ENDP		
...		...		...
173	SysTick_Handler	PROC		
174		EXPORT	SysTick_Handler	[WEAK]
175		B	.	
176		ENDP		

第133~第136行用于定义名为NMI_Handler的子程序段，当发生NMI异常时程序跳到这里执行，"B ."中的点代表当前地址，"B ."就意味着程序进入了死循环。

177	Default_Handler	PROC		
178		EXPORT	WWDG_IRQHandler	[WEAK]
179		EXPORT	PVD_IRQHandler	[WEAK]
...		...		...
259		EXPORT	HASH_RNG_IRQHandler	[WEAK]
260		EXPORT	FPU_IRQHandler	[WEAK]
261	WWDG_IRQHandler			
262	PVD_IRQHandler			
263	TAMP_STAMP_IRQHandler			
...		...		...
341	HASH_RNG_IRQHandler			
342	FPU_IRQHandler			
343		B	.	
344		ENDP		
345		ALIGN		

这段代码定义一个名为Default_Handler的程序段，使用"EXPORT PVD_IRQHandler"输出中断向量表符号，然后定义如PVD_IRQHandler的空函数，这些函数的具体功能则由外部实现，这就是为什么我们在前面讲到中断函数时，中断函数名一定要与这里的符号名一致的原因。

346		IF	:DEF:_ _MICROLIB	
347		EXPORT	_ _initial_sp	
348		EXPORT	_ _heap_base	
349		EXPORT	_ _heap_limit	
350		ELSE		
351		IMPORT	_ _use_two_region_memory	
352		EXPORT	_ _user_initial_stackheap	
353	_ _user_initial_stackheap			
354		LDR	R0, = Heap_Mem	

355	LDR	R1, =(Stack_Mem + Stack_Size)
356	LDR	R2, = (Heap_Mem + Heap_Size)
357	LDR	R3, = Stack_Mem
358	BX	LR
359	ALIGN	
360	ENDIF	
361	END	

这段代码用来对堆和栈进行初始化。第346行用于说明如果选了_ _MICROLIB选项，则_ _initial_sp等三个符号可以为外部文件使用，即导出这三个符号。_ _MICROLIB选项位于Keil中的"Target"选项卡中，具体如图15-1所示。

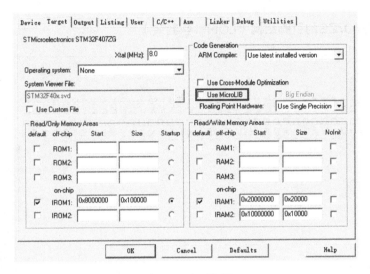

图15-1　选项位置

第351行和第352行用于说明如果没有勾选"Use MicroLIB"，则导入符号_ _use_two_region_memory并导出_ _user_initial_stackheap。第354～第357行分别用于保存堆的起始地址、栈的大小、堆的大小和栈顶指针。第361行END命令指示汇编器，已到达一个源文件的末尾。

习　题　15

思考题

（1）STM32的启动文件有什么作用？

（2）符号[WEAK]的作用是什么？试具体说明。

附录A STM32F407ZGT6的引脚结构与功能

1. STM32F407ZG的引脚结构（LQFP144封装）

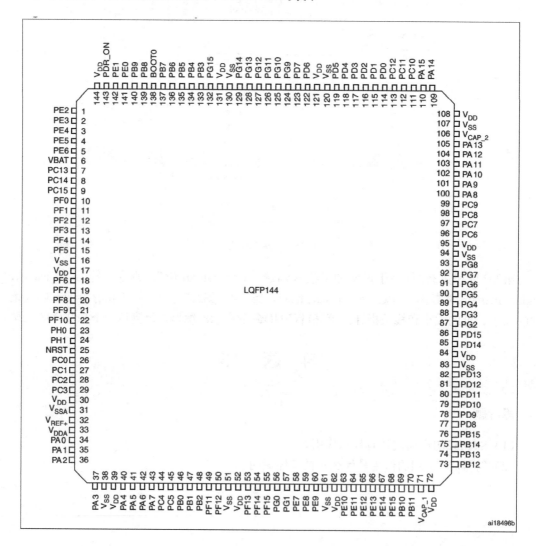

2. 各引脚功能

LQFP144 （管脚序号）	管脚名称 （复位后的功能）	复 用 功 能	备　　注
1	PE2	TRACECLK/FSMC_A23 /ETH_MII_TXD3 /EVENTOUT	—
2	PE3	TRACED0/FSMC_A19 / EVENTOUT	—
3	PE4	TRACED1/FSMC_A20 / DCMI_D4/ EVENTOUT	—
4	PE5	TRACED2/ FSMC_A21 / TIM9_CH1 / DCMI_D6 / EVENTOUT	—
5	PE6	TRACED3 / FSMC_A22 / TIM9_CH2 / DCMI_D7 / EVENTOUT	—
6	V_{BAT}	—	—
7	PC13	EVENTOUT	RTC_OUT, RTC_TAMP1, RTC_TS
8	PC14/OSC32_IN （PC14）	EVENTOUT	OSC32_IN (4)
9	PC15/ OSC32_OUT （PC15）	EVENTOUT	OSC32_OUT (4)
10	PF0	FSMC_A0 / I2C2_SDA / EVENTOUT	—
11	PF1	FSMC_A1 / I2C2_SCL / EVENTOUT	—
12	PF2	FSMC_A2 / I2C2_SMBA / EVENTOUT	—
13	PF3	FSMC_A3/EVENTOUT	ADC3_IN9
14	PF4	FSMC_A4/EVENTOUT	ADC3_IN14
15	PF5	FSMC_A5/EVENTOUT	ADC3_IN15
16	V_{SS}	—	—
17	V_{DD}	—	—
18	PF6	TIM10_CH1 / FSMC_NIORD/ EVENTOUT	ADC3_IN4
19	PF7	TIM11_CH1/FSMC_NREG/ EVENTOUT	ADC3_IN5
20	PF8	TIM13_CH1 / FSMC_NIOWR/ EVENTOUT	ADC3_IN6

LQFP144 （管脚序号）	管脚名称 （复位后的功能）	复 用 功 能	备　注
21	PF9	TIM14_CH1 / FSMC_CD/ EVENTOUT	ADC3_IN7
22	PF10	FSMC_INTR/ EVENTOUT	ADC3_IN8
23	PH0/OSC_IN （PH0）	EVENTOUT	OSC_IN (4)
24	PH1/OSC_OUT （PH1）	EVENTOUT	OSC_OUT (4)
25	NRST	—	—
26	PC0	OTG_HS_ULPI_STP/ EVENTOUT	ADC123_IN10
27	PC1	ETH_MDC/ EVENTOUT	ADC123_IN11
28	PC2	SPI2_MISO / OTG_HS_ULPI_DIR / ETH_MII_TXD2 /I2S2ext_SD/ EVENTOUT	ADC123_IN12
29	PC3	SPI2_MOSI / I2S2_SD / OTG_HS_ULPI_NXT / ETH_MII_TX_CLK/ EVENTOUT	ADC123_IN13
30	V_{DD}	—	—
31	V_{SSA}	—	—
32	V_{REF+}	—	—
33	V_{DDA}	—	—
34	PA0/WKUP （PA0）	USART2_CTS/ UART4_TX/ ETH_MII_CRS / TIM2_CH1_ETR/ TIM5_CH1 / TIM8_ETR/ EVENTOUT	ADC123_IN0/WKU P (4)
35	PA1	USART2_RTS / UART4_RX/ ETH_RMII_REF_CLK / ETH_MII_RX_CLK / TIM5_CH2 / TIM2_CH2/ EVENTOUT	ADC123_IN1
36	PA2	USART2_TX/TIM5_CH3 / TIM9_CH1 / TIM2_CH3 / ETH_MDIO/ EVENTOUT	ADC123_IN2

LQFP144 （管脚序号）	管脚名称 （复位后的功能）	复 用 功 能	备　注
37	PA3	USART2_RX/TIM5_CH4 / TIM9_CH2 / TIM2_CH4 / OTG_HS_ULPI_D0 / ETH_MII_COL/ EVENTOUT	ADC123_IN3
38	V_{SS}	—	—
39	V_{DD}	—	—
40	PA4	SPI1_NSS / SPI3_NSS / USART2_CK / DCMI_HSYNC / OTG_HS_SOF/ I2S3_WS/ EVENTOUT	ADC12_IN4 /DAC_OUT1
41	PA5	SPI1_SCK/ OTG_HS_ULPI_CK / TIM2_CH1_ETR/ TIM8_CH1N/ EVENTOUT	ADC12_IN5/DAC_ OUT2
42	PA6	SPI1_MISO / TIM8_BKIN/TIM13_CH1 / DCMI_PIXCLK / TIM3_CH1 / TIM1_BKIN/ EVENTOUT	ADC12_IN6
43	PA7	SPI1_MOSI/ TIM8_CH1N / TIM14_CH1/TIM3_CH2/ ETH_MII_RX_DV / TIM1_CH1N / ETH_RMII_CRS_DV/ EVENTOUT	ADC12_IN7
44	PC4	ETH_RMII_RX_D0 / ETH_MII_RX_D0/ EVENTOUT	ADC12_IN14
45	PC5	ETH_RMII_RX_D1 / ETH_MII_RX_D1/ EVENTOUT	ADC12_IN15
46	PB0	TIM3_CH3 / TIM8_CH2N/ OTG_HS_ULPI_D1/ ETH_MII_RXD2 / TIM1_CH2N/ EVENTOUT	ADC12_IN8
47	PB1	TIM3_CH4 / TIM8_CH3N/ OTG_HS_ULPI_D2/ ETH_MII_RXD3 / TIM1_CH3N/ EVENTOUT	ADC12_IN9

续表

LQFP144 （管脚序号）	管脚名称 （复位后的功能）	复 用 功 能	备　注
48	PB2/BOOT1 （PB2）	EVENTOUT	—
49	PF11	DCMI_D12/ EVENTOUT	—
50	PF12	FSMC_A6/ EVENTOUT	—
51	V_{SS}	—	—
52	V_{DD}	—	—
53	PF13	FSMC_A7/ EVENTOUT	—
54	PF14	FSMC_A8/ EVENTOUT	—
55	PF15	FSMC_A9/ EVENTOUT	—
56	PG0	FSMC_A10/ EVENTOUT	—
57	PG1	FSMC_A11/ EVENTOUT	—
58	PE7	FSMC_D4/TIM1_ETR/ EVENTOUT	—
59	PE8	FSMC_D5/ TIM1_CH1N/ EVENTOUT	—
60	PE9	FSMC_D6/TIM1_CH1/ EVENTOUT	—
61	V_{SS}	—	—
62	V_{DD}	—	—
63	PE10	FSMC_D7/TIM1_CH2N/ EVENTOUT	—
64	PE11	FSMC_D8/TIM1_CH2/ EVENTOUT	—
65	PE12	FSMC_D9/TIM1_CH3N/ EVENTOUT	—
66	PE13	FSMC_D10/TIM1_CH3/ EVENTOUT	—
67	PE14	FSMC_D11/TIM1_CH4/ EVENTOUT	—
68	PE15	FSMC_D12/TIM1_BKIN/ EVENTOUT	—
69	PB10	SPI2_SCK / I2S2_CK / I2C2_SCL/ USART3_TX / OTG_HS_ULPI_D3 / ETH_MII_RX_ER / TIM2_CH3/ EVENTOUT	—

LQFP144 （管脚序号）	管脚名称 （复位后的功能）	复 用 功 能	备　　注
70	PB11	I2C2_SDA/USART3_RX/ OTG_HS_ULPI_D4 / ETH_RMII_TX_EN/ ETH_MII_TX_EN / TIM2_CH4/ EVENTOUT	—
71	V_{CAP_1}	—	—
72	V_{DD}	—	—
73	PB12	SPI2_NSS / I2S2_WS / I2C2_SMBA/ USART3_CK/ TIM1_BKIN / CAN2_RX / OTG_HS_ULPI_D5/ ETH_RMII_TXD0 / ETH_MII_TXD0/ OTG_HS_ID/ EVENTOUT	—
74	PB13	SPI2_SCK / I2S2_CK / USART3_CTS/ TIM1_CH1N /CAN2_TX / OTG_HS_ULPI_D6 / ETH_RMII_TXD1 / ETH_MII_TXD1/ EVENTOUT	OTG_HS_VBUS
75	PB14	SPI2_MISO/ TIM1_CH2N / TIM12_CH1 / OTG_HS_DM/ USART3_RTS / TIM8_CH2N/I2S2ext_SD/ EVENTOUT	—
76	PB15	SPI2_MOSI / I2S2_SD/ TIM1_CH3N / TIM8_CH3N / TIM12_CH2 / OTG_HS_DP/ EVENTOUT	—
77	PD8	FSMC_D13 / USART3_TX/ EVENTOUT	—
78	PD9	FSMC_D14 / USART3_RX/ EVENTOUT	—
79	PD10	FSMC_D15 / USART3_CK/ EVENTOUT	—
80	PD11	FSMC_CLE / FSMC_A16/USART3_CTS/ EVENTOUT	—

续表

LQFP144 （管脚序号）	管脚名称 （复位后的功能）	复 用 功 能	备 注
81	PD12	FSMC_ALE/ FSMC_A17/TIM4_CH1 / USART3_RTS/ EVENTOUT	—
82	PD13	FSMC_A18/TIM4_CH2/ EVENTOUT	—
83	V$_{SS}$	—	—
84	V$_{DD}$	—	—
85	PD14	FSMC_D0/TIM4_CH3/ EVENTOUT/ EVENTOUT	—
86	PD15	FSMC_D1/TIM4_CH4/ EVENTOUT	—
87	PG2	FSMC_A12/ EVENTOUT	—
88	PG3	FSMC_A13/ EVENTOUT	—
89	PG4	FSMC_A14/ EVENTOUT	—
90	PG5	FSMC_A15/ EVENTOUT	—
91	PG6	FSMC_INT2/ EVENTOUT	—
92	PG7	FSMC_INT3 /USART6_CK/ EVENTOUT	—
93	PG8	USART6_RTS / ETH_PPS_OUT/ EVENTOUT	—
94	V$_{SS}$	—	—
95	V$_{DD}$	—	—
96	PC6	I2S2_MCK / TIM8_CH1/SDIO_D6 / USART6_TX / DCMI_D0/TIM3_CH1/ EVENTOUT	—
97	PC7	I2S3_MCK / TIM8_CH2/SDIO_D7 / USART6_RX / DCMI_D1/TIM3_CH2/ EVENTOUT	—
98	PC8	TIM8_CH3/SDIO_D0 /TIM3_CH3/ USART6_CK / DCMI_D2/ EVENTOUT	—

LQFP144 （管脚序号）	管脚名称 （复位后的功能）	复 用 功 能	备　　注
99	PC9	I2S_CKIN/ MCO2 / TIM8_CH4/SDIO_D1 / /I2C3_SDA / DCMI_D3 / TIM3_CH4/ EVENTOUT	—
100	PA8	MCO1 / USART1_CK/ TIM1_CH1/ I2C3_SCL/ OTG_FS_SOF/ EVENTOUT	—
101	PA9	USART1_TX/ TIM1_CH2 / I2C3_SMBA / DCMI_D0/ EVENTOUT	OTG_FS_VBUS
102	PA10	USART1_RX/ TIM1_CH3/ OTG_FS_ID/DCMI_D1/ EVENTOUT	—
103	PA11	USART1_CTS / CAN1_RX / TIM1_CH4 / OTG_FS_DM/ EVENTOUT	—
104	PA12	USART1_RTS / CAN1_TX/ TIM1_ETR/ OTG_FS_DP/ EVENTOUT	—
105	PA13 (JTMS-SWDIO)	JTMS-SWDIO/ EVENTOUT	—
106	V_{CAP_2}	—	—
107	V_{SS}	—	—
108	V_{DD}	—	—
109	PA14 (JTCK/SWCLK)	JTCK-SWCLK/ EVENTOUT	—
110	PA15 (JTDI)	JTDI/ SPI3_NSS/ I2S3_WS/TIM2_CH1_ETR / SPI1_NSS / EVENTOUT	—
111	PC10	SPI3_SCK / I2S3_CK/ UART4_TX/SDIO_D2 / DCMI_D8 / USART3_TX/ EVENTOUT	—
112	PC11	UART4_RX/ SPI3_MISO / SDIO_D3 / DCMI_D4/USART3_RX / I2S3ext_SD/ EVENTOUT	—

LQFP144 （管脚序号）	管脚名称 （复位后的功能）	复 用 功 能	备　注
113	PC12	UART5_TX/SDIO_CK / DCMI_D9 / SPI3_MOSI /I2S3_SD / USART3_CK/ EVENTOUT	—
114	PD0	FSMC_D2/CAN1_RX/ EVENTOUT	—
115	PD1	FSMC_D3 / CAN1_TX/ EVENTOUT	—
116	PD2	TIM3_ETR/UART5_RX/ SDIO_CMD/DCMI_D11/ EVENTOUT	—
117	PD3	FSMC_CLK/ USART2_CTS/EVENTOUT	—
118	PD4	FSMC_NOE/ USART2_RTS/ EVENTOUT	—
119	PD5	FSMC_NWE/USART2_TX/ EVENTOUT	—
120	V_{SS}	—	—
121	V_{DD}	—	—
122	PD6	FSMC_NWAIT/ USART2_RX/ EVENTOUT	—
123	PD7	USART2_CK/FSMC_NE1/ FSMC_NCE2/ EVENTOUT	—
124	PG9	USART6_RX / FSMC_NE2/FSMC_NCE3/ EVENTOUT	—
125	PG10	FSMC_NCE4_1/ FSMC_NE3/ EVENTOUT	—
126	PG11	FSMC_NCE4_2 / ETH_MII_TX_EN/ ETH_RMII_TX_EN/ EVENTOUT	—
127	PG12	FSMC_NE4 / USART6_RTS/ EVENTOUT	—
128	PG13	FSMC_A24 / USART6_CTS /ETH_MII_TXD0/ ETH_RMII_TXD0/ EVENTOUT	—

续表

LQFP144 （管脚序号）	管脚名称 （复位后的功能）	复 用 功 能	备　注
129	PG14	FSMC_A25 / USART6_TX /ETH_MII_TXD1/ ETH_RMII_TXD1/ EVENTOUT	—
130	V_{SS}	—	—
131	V_{DD}	—	—
132	PG15	USART6_CTS / DCMI_D13/ EVENTOUT	—
133	PB3 （JTDO/ TRACESWO）	JTDO/ TRACESWO/ SPI3_SCK / I2S3_CK / TIM2_CH2 / SPI1_SCK/ EVENTOUT	—
134	PB4 （NJTRST）	NJTRST/ SPI3_MISO / TIM3_CH1 / SPI1_MISO / I2S3ext_SD/ EVENTOUT	—
135	PB5	I2C1_SMBA/ CAN2_RX / OTG_HS_ULPI_D7 / ETH_PPS_OUT/TIM3_CH2 / SPI1_MOSI/ SPI3_MOSI / DCMI_D10 / I2S3_SD/ EVENTOUT	—
136	PB6	I2C1_SCL/ TIM4_CH1 / CAN2_TX / DCMI_D5/USART1_TX/ EVENTOUT	—
137	PB7	I2C1_SDA / FSMC_NL / DCMI_VSYNC / USART1_RX/ TIM4_CH2/ EVENTOUT	—
138	BOOT0	—	V_{PP}
139	PB8	TIM4_CH3/SDIO_D4/ TIM10_CH1 / DCMI_D6 / ETH_MII_TXD3 / I2C1_SCL/ CAN1_RX/ EVENTOUT	—
140	PB9	SPI2_NSS/ I2S2_WS / TIM4_CH4/ TIM11_CH1/ SDIO_D5 / DCMI_D7 / I2C1_SDA / CAN1_TX/ EVENTOUT	—

续表

LQFP144 （管脚序号）	管脚名称 （复位后的功能）	复 用 功 能	备　注
141	PE0	TIM4_ETR / FSMC_NBL0 / DCMI_D2/ EVENTOUT	—
142	PE1	FSMC_NBL1 / DCMI_D3/ EVENTOUT	—
143	PDR_ON	—	—
144	V_{DD}	—	—

附录B STM32F407ZGT6核心电路设计

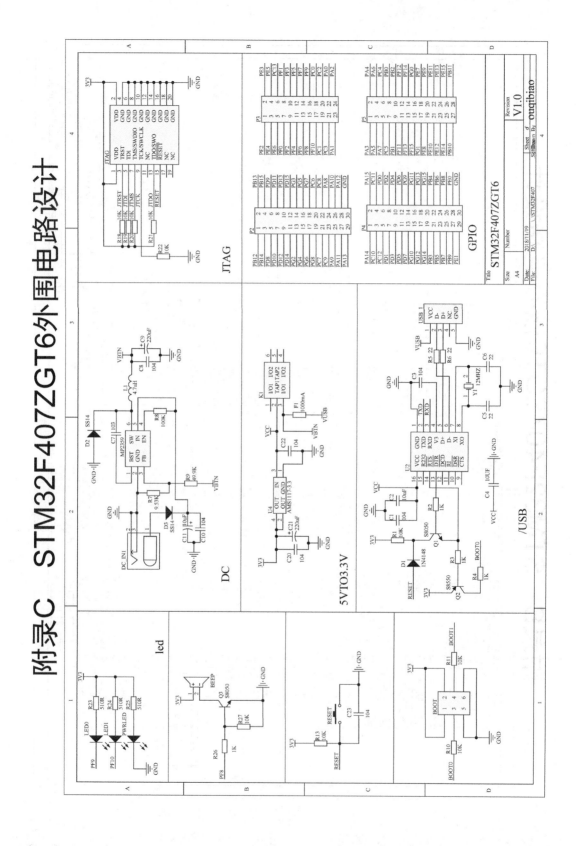

附录D 关于编译信息的解释

（1）关于使用Keil编译时，"Build target"与"Rebuild all target files"的区别，如图附D-1所示。

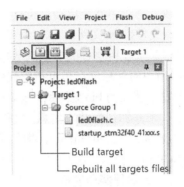

图附D-1

"Build target"是编译当前文件，而"Rebuild all target files"是编译所有文件。如果所有的程序都写在一个文件里，使用"Build target"或"Rebuild all target files"编译整个程序时，没有区别。

但如果采用模块化编程的话，整个程序一般就会被分成多个文件，这时采用"Build target"或"Rebuild all target files"编译就会有区别。

（2）编译后输出窗口的含义。

在任务1-1中，单击"Rebuilt"按钮编译文件后在编译窗口输出如图附D-2所示信息。

```
Build Output
Rebuild target 'Target 1'
compiling led0flash.c...
assembling startup_stm32f40_41xxx.s...
linking...
Program Size: Code=880 RO-data=408 RW-data=0 ZI-data=1120
FromELF: creating hex file...
".\Objects\led0flash.axf" - 0 Error(s), 0 Warning(s).
Build Time Elapsed:  00:00:01
```

图附D-2

这些信息的含义分别指：

Rebuild target 'Target 1'：编译工程中的所有源文件。

compiling led0flash.c...：编译C语言文件led0flash.c。注意，compile只是对C语言文件进行编译。

assembling startup_stm32f40_41xxx.s...：汇编startup_stm32f40_41xxx.s文件。

注意：以上步骤执行后会生成目标文件——后缀为.o。

linking...：将生成的目标文件进行链接，生成.axf文件，.axf文件是ARM的调试文件。

Program Size: Code=880 RO-data=408 RW-data=0 ZI-data=1120

其中，Code是代码占用的空间；RO-data是 Read Only 只读常量的大小，如const型；RW-data是（Read Write） 初始化了的可读写变量的大小；ZI-data是（Zero Initialize）没有初始化的可读写变量的大小。ZI-data不会被算作代码里因为不会被初始化。在烧写程序后Flash中被占用的空间为：Code + RO Data + RW Data。程序运行的时候，芯片内部RAM使用的空间为：RW Data + ZI Data。

FromELF: creating hex file...：使用FromELF从.axf文件创建.hex文件，.hex文件一般称为镜像文件，是可以直接烧写到Flash或者内存中并在启动后执行的文件。

其中，.axf文件=调试信息+.hex文件，.axf文件由ARM编译器产生，除包含bin的内容之外，还附加其他调试信息， 这些调试信息加在可执行的二进制数据之前。调试时这些调试信息不会下载到RAM中，真正下载到RAM中的信息仅仅是可执行代码。

这里介绍一下ARM处理器开发中涉及的.bin文件和.hex文件的区别。

.bin文件是真正的二进制文件，未添加任何其他信息，文件的大小就是包括的数据的实际大小。.hex文件（十六进制的英文名称：Hexadecimal），指的是Intel标准的十六进制文件，并且用一定文件格式的可打印的ASCII码来表示二进制的数值。.hex文件经常被用于将程序或数据传输存储到ROM、EPROM，大多数编程器和模拟器使用.hex文件。

参 考 文 献

[1] 刘军等. 精通STM32F4（寄存器版）. 北京：北京航空航天大学出版社. 2015.

[2] 欧启标. 单片机应用技术案例教程（C语言版）. 北京：电子工业出版社. 2017.

[3] 谭浩强. C程序设计（第四版）. 北京：清华大学出版社. 2010.

[4] ARM处理器裸机开发实战——机制而非策略. 北京：电子工业出版社. 2015.